T0237603

Die zunehmende Digitalisierung verändert nicht nur den Alltag, sondern auch die industrielle Fertigung, Geschäftsmodelle und die Anforderungen an die Mitarbeitenden. Um wettbewerbsfähig zu bleiben, müssen Unternehmen die Intelligenz in ihren Produkten und Produktionsverfahren erhöhen und neue Kundenzugänge erschließen. Im Spitzencluster it's OWL – Intelligente Technische Systeme OstWestfalenLippe haben sich seit 2012 über 200 Unternehmen, Forschungseinrichtungen, Hochschulen und Organisationen zusammengeschlossen, um diesen Wandel erfolgreich mitzugestalten. Ziel ist es, aus der digitalen Transformation als Gewinner hervorzugehen – Gestalter zu sein, statt Getriebener. it's OWL gilt dabei als Vorreiter für Industrie 4.0 im Mittelstand. Aktuelle Schwerpunktthemen sind Maschinelles Lernen, Big Data, digitaler Zwilling, digitale Plattformen und die Arbeitswelt der Zukunft. Das strategische Ziel ist der Aufbau einer Modellregion mit dem Schwerpunkt Nachhaltigkeit im Mittelstand.
www.its-owl.de

Increasing digitisation is changing not only everyday life, but also industrial manufacturing, business models and the demands placed on employees. In order to remain competitive, companies must increase the intelligence in their products and production processes and open up new customer access points. In the Leading-Edge Cluster it's OWL - Intelligent Technical Systems OstWestfalenLippe, more than 200 companies, research institutions, universities and organisations have joined forces since 2012 to successfully help shape this transformation. The goal is to emerge from the digital transformation as a winner - to shape instead of being driven by it. it's OWL is considered a pioneer for Industry 4.0 in medium-sized companies. Current key topics are machine learning, big data, digital twins, digital platforms and the working world of the future. The strategic goal is to establish a flagship region with a focus on sustainability in SMEs.
www.its-owl.com

Sven Hinrichsen · Stefan Sauer ·
Klaus Schröder
(Hrsg.)

Prozesse
in Industriebetrieben
mittels Low-Code-Software
digitalisieren

Ein Praxisleitfaden

Hrsg.
Sven Hinrichsen
Labor für Industrial Engineering
Technische Hochschule Ostwestfalen-Lippe
Lemgo, Deutschland

Stefan Sauer
Software Innovation Campus Paderborn
Universität Paderborn
Paderborn, Deutschland

Klaus Schröder
S&N Invent GmbH
Paderborn, Deutschland

ISSN 2523-3637   ISSN 2523-3645   (electronic)
Intelligente Technische Systeme – Lösungen aus dem Spitzencluster it's OWL
ISBN 978-3-662-67949-4   ISBN 978-3-662-67950-0   (eBook)
https://doi.org/10.1007/978-3-662-67950-0

Die Deutsche Nationalbibliothek verzeichnet diese Publikation in der Deutschen Nationalbibliografie; detaillierte
bibliografische Daten sind im Internet über http://dnb.d-nb.de abrufbar.

© Der/die Herausgeber bzw. der/die Autor(en), exklusiv lizenziert an Springer-Verlag GmbH, DE, ein Teil von
Springer Nature 2023

Das Werk einschließlich aller seiner Teile ist urheberrechtlich geschützt. Jede Verwertung, die nicht ausdrücklich
vom Urheberrechtsgesetz zugelassen ist, bedarf der vorherigen Zustimmung des Verlags. Das gilt insbesondere für
Vervielfältigungen, Bearbeitungen, Übersetzungen, Mikroverfilmungen und die Einspeicherung und Verarbeitung
in elektronischen Systemen.
Die Wiedergabe von allgemein beschreibenden Bezeichnungen, Marken, Unternehmensnamen etc. in diesem
Werk bedeutet nicht, dass diese frei durch jedermann benutzt werden dürfen. Die Berechtigung zur Benutzung
unterliegt, auch ohne gesonderten Hinweis hierzu, den Regeln des Markenrechts. Die Rechte des jeweiligen
Zeicheninhabers sind zu beachten.
Der Verlag, die Autoren und die Herausgeber gehen davon aus, dass die Angaben und Informationen in diesem
Werk zum Zeitpunkt der Veröffentlichung vollständig und korrekt sind. Weder der Verlag noch die Autoren oder
die Herausgeber übernehmen, ausdrücklich oder implizit, Gewähr für den Inhalt des Werkes, etwaige Fehler
oder Äußerungen. Der Verlag bleibt im Hinblick auf geografische Zuordnungen und Gebietsbezeichnungen in
veröffentlichten Karten und Institutionsadressen neutral.

Planung/Lektorat: Alexander Gruen
Springer Vieweg ist ein Imprint der eingetragenen Gesellschaft Springer-Verlag GmbH, DE und ist ein Teil von
Springer Nature.
Die Anschrift der Gesellschaft ist: Heidelberger Platz 3, 14197 Berlin, Germany

Das Papier dieses Produkts ist recyclebar.

Vorwort der Herausgeber

Die Entwicklung von Software ist ein komplexer und herausfordernder Prozess, der konventionell nur durch geschulte und erfahrene Entwickler bewältigt werden kann. Der entwickelte Code ist in der Regel vielschichtig und beziehungsreich, enthält trotz aller Sorgfalt in der Regel zunächst Fehler und kann nur mit hohen Auwänden angepasst werden. Die Fehlersuche und -behebung führt zu weiteren hohen Aufwänden. Zudem müssen die eigentlichen Anforderungen, die zunächst einmal nur den fachlich damit befassten Personen bekannt sind, analysiert und für die Softwareentwicklung dokumentiert werden. Auch hier schleichen sich durch unvollständige oder unpräzise Dokumentation von Anforderungen häufig Fehler ein. Im schlimmsten Fall passt die entwickelte Softwarelösung am Ende nicht zu den eigentlichen Bedürfnissen der Softwareanwender. Entsprechend ist die klassische Softwareentwicklung von zahlreichen Iterationen geprägt. Bei späteren Änderungen müssen gegebenenfalls neue Entwickler in die fachlichen Anforderungen und vor allem den existierenden Code eingearbeitet werden.

Die hohen Anforderungen an Softwareentwickler – neben der reinen fachlichen Entwicklung sind auch noch Fragen wie Performance, Sicherheit und leichte Benutzbarkeit zu bedenken – machen es für mittelständische Industrieunternehmen schwer, entsprechend geschultes Personal dauerhaft vorzuhalten und für die nötige Weiterbildung zu aktuellen Entwicklungen zu sorgen. Selbst die Auswahl und Begleitung eines entsprechenden Dienstleisters stellt Industrieunternehmen oftmals vor große Herausforderungen.

Die Anbieter von Low-Code-Plattformen versprechen Abhilfe. So seien die Einstiegshürden für eine Softwareentwicklung mittels einer solchen Plattform deutlich niedriger, die Syntax könne schneller erlernt werden, viele Programmierfehler würden durch ein verändertes Abstraktionsniveau der Programmierung vermieden und auch Personen, die nicht als Softwareentwickler ausgebildet sind, seien nun in der Lage, Software selbstständig zu entwickeln. Zudem würden sich die Laufzeiten von Softwareentwicklungsprojekten verkürzen. Trotz dieser Chancen, die mit der Low-Code-Programmierung verbunden sind, bestehen immer noch einige Hindernisse und Barrieren, Low-Code-Plattformen in der betrieblichen Praxis einzusetzen. So sind die Potenziale der Nutzung von Low-Code-Plattformen in vielen mittelständischen Betrieben noch weitgehend unbekannt. Auch ist es für Anwender nicht transparent, wie eine den betrieblichen Anforderungen entsprechende Low-Code-Plattform ausgewählt und eingeführt werden kann. Ferner stellen sich die Fragen, mit welcher Methodik die Entwicklung von Low-Code-Software erfolgen sollte und wie Low-Code-Anwendungssoftware in bestehende IT-Systeme integriert werden kann.

Diese Anwendungsbarrieren und Fragen waren Anlass für uns, gemeinsam ein Forschungsprojekt zu initiieren. Dieses Projekt mit dem Titel „Entwicklung und Umsetzung eines ganzheitlichen Ansatzes zur Digitalisierung von **Pro**zessen in Industriebetrieben mittels **Low-Code**-Software", kurz Pro-LowCode, wurde im Rahmen des Spitzenclusters It´s OWL vom Ministerium für Wirtschaft, Innovation, Digitalisierung und Energie des Landes NRW gefördert und vom Projektträger Jülich betreut (Förderkennzeichen 005-2011-0021). Die Laufzeit des Projektes betrug zwei Jahre (01.03.2021 bis 28.02.2023). Am Projekt beteiligt waren das Labor für Industrial Engineering der Technischen Hochschule Ostwestfalen-Lippe (Lemgo), das Software Innovation Lab der Universität Paderborn am SICP – Software Innovation Campus Paderborn, S&N Invent als Umsetzungspartner sowie mehrere Unternehmen als Anwendungspartner. Zu diesen zählten Denios, Homag Kantentechnik, Bartels Systembeschläge und Isringhausen. An einem Open Call für weitere Anwendungsfallstudien beteiligte sich unter anderen das Unternehmen Weidmüller.

Wesentliche Ergebnisse des Projektes sind in diesem Buch dokumentiert. Unser Dank gilt allen Projektbeteiligten für ihr großes Engagement, dem Spitzencluster It´s OWL vor allem für die umfassende Unterstützung des Transfers der Forschungsergebnisse, dem Projektträger Jülich für die Betreuung des Projektes, dem Land NRW für die finanzielle Förderung und dem Springer-Verlag für seine Unterstützung bei der Herausgabe dieser Publikation. Das vorliegende Buch möchte dazu anregen, den Low-Code-Ansatz als Baustein einer betrieblichen Digitalisierungsstrategie zu begreifen und Geschäftsprozesse – insbesondere in mittelständischen Industriebetrieben – mittels dieses Ansatzes zu digitalisieren und zu optimieren. Wir hoffen, dass wir mit diesem Buch wichtige Impulse für Ihre Arbeit geben können.

Lemgo   Sven Hinrichsen
Paderborn   Stefan Sauer
Juni 2023   Klaus Schröder

Inhaltsverzeichnis

Autorenverzeichnis

Benjamin Adrian Labor für Industrial Engineering, Technische Hochschule Ostwestfalen-Lippe (TH OWL), Lemgo, Deutschland

Kai Leon Becker Labor für Industrial Engineering, Technische Hochschule Ostwestfalen-Lippe (TH OWL), Lemgo, Deutschland

Prof. Dr. Gregor Engels Software Innovation Lab, Universität Paderborn, Paderborn, Deutschland

Johannes Heil Software Innovation Lab, Universität Paderborn, Paderborn, Deutschland

Prof. Dr.-Ing. Sven Hinrichsen Labor für Industrial Engineering, Technische Hochschule Ostwestfalen-Lippe (TH OWL), Lemgo, Deutschland

Jonas Kirchhoff Software Innovation Lab, Universität Paderborn, Paderborn, Deutschland

Alexander Nikolenko Labor für Industrial Engineering, Technische Hochschule Ostwestfalen-Lippe (TH OWL), Lemgo, Deutschland

Dr. Jan Regtmeier DENIOS SE, Bad Oeynhausen, Deutschland

Michael Rohrig ISRINGHAUSEN GmbH & Co. KG, Lemgo, Deutschland

Udo Roth DENIOS SE, Bad Oeynhausen, Deutschland

Dr. Stefan Sauer Software Innovation Lab, Universität Paderborn, Paderborn, Deutschland

Dr. Klaus Schröder S&N Invent GmbH, Paderborn, Deutschland

Micha Wegener Weidmüller Interface GmbH & Co. KG, Detmold, Deutschland

Nils Weidmann Software Innovation Lab, Universität Paderborn, Paderborn, Deutschland

Uwe Wohlhage S&N Invent GmbH, Paderborn, Deutschland

Potenziale der Low-Code-Programmierung für Industriebetriebe

1

Sven Hinrichsen und Benjamin Adrian

Inhaltsverzeichnis

Zusammenfassung

Die variantenreiche Serienproduktion und vor allem die industrielle Individualproduktion führen zu einer signifikanten Steigerung der von Betrieben zu verarbeitenden Informationsmengen. Es bedarf daher neuer Ansätze, wie mit dieser Komplexität umzugehen ist, um die Komplexitätskosten gering zu halten, gleichzeitig aber dem Kunden ein differenziertes Spektrum an Leistungen anbieten zu können. Über viele Jahrzehnte standen Strategien der Komplexitätsvermeidung und -reduzierung im Vordergrund. Allerdings sind diesen Strategien enge Grenzen gesetzt, da Kunden vielfach erwarten, dass auch ihre sehr speziellen Anforderungen berücksichtigt werden. Es geht daher künftig zunehmend darum, Komplexität beherrschbar zu machen, indem die Agilität eines Betriebes über Dezentralisierung, Selbstorganisation, Befähigung

S. Hinrichsen (✉) · B. Adrian
Labor für Industrial Engineering, Technische Hochschule Ostwestfalen-Lippe (TH OWL), Lemgo, Deutschland
E-Mail: sven.hinrichsen@th-owl.de

B. Adrian
E-Mail: benjamin.adrian@th-owl.de

© Der/die Autor(en), exklusiv lizenziert an Springer-Verlag GmbH, DE, ein Teil von Springer Nature 2023
S. Hinrichsen et al. (Hrsg.), *Prozesse in Industriebetrieben mittels Low-Code-Software digitalisieren,* Intelligente Technische Systeme – Lösungen aus dem Spitzencluster it's OWL, https://doi.org/10.1007/978-3-662-67950-0_1

der Beschäftigten und Digitalisierung gesteigert wird. Die Entwicklung von Anwendungssoftware über Low-Code-Plattformen – auch als End-User-Development bezeichnet – kann entscheidend dazu beitragen, die Agilität eines Betriebes zu verbessern und damit die zunehmende Komplexität beherrschbar zu machen. Vor diesem Hintergrund werden die Bedeutung und Potenziale der Low-Code-Anwendungsentwicklung für Industriebetriebe aufgezeigt.

1.1 Paradigmenwechsel der Produktionssystemgestaltung

Mit der Weiterentwicklung von Märkten und Kundenbedürfnissen kommt es in Verbindung mit dem Aufkommen neuer Technologien oder veränderter Organisationsprinzipien immer wieder zu Paradigmenwechseln in der Produktionssystemgestaltung. Insbesondere die Trends zur Konfiguration und Individualisierung von Produkten durch Kunden sowie zur Integration von immer weiteren Funktionen in Produkte – etwa in der Branche des Maschinenbaus (Brecher et al. 2011) – haben in Verbindung mit kürzer werdenden Produktlebenszyklen zu einem erheblichen Anstieg der Komplexität (z. B. Theuer und Lass 2016; Schuh et al. 2017) und damit zu einer signifikanten Steigerung der von Betrieben zu verarbeitenden Informationsmengen geführt (Hinrichsen et al. 2020). Jeder Kundenauftrag beinhaltet in der variantenreichen Serienproduktion und erst recht in der industriellen Individualproduktion ganz spezifische Anforderungen. Diese wirken sich auf den gesamten Produktentstehungs- und Auftragsabwicklungsprozess aus. Auf Basis des individuellen Kundenwunsches sind u. a. Kosten- und Preiskalkulationen durchzuführen, Bestellungen bei Lieferanten vorzunehmen, Konstruktionszeichnungen anzupassen, die Auftragsabwicklung in der Produktion vorzubereiten, Fertigungs- und Montageaufträge zu erstellen, Transportaufträge zu generieren und die Rechnungsstellung auszulösen. In der variantenreichen Serienproduktion und vor allem in der industriellen Individualproduktion bedarf es daher neuer Ansätze, wie mit dieser Komplexität umzugehen ist (Hinrichsen und Bornewasser 2020, S. 14 f.), um die Komplexitätskosten gering zu halten (Hvam et al. 2020), gleichzeitig aber dem Kunden ein differenziertes Spektrum an Leistungen anbieten zu können (Ponn und Lindemann 2011, S. 250 f.). Über viele Jahrzehnte standen Strategien der Komplexitätsvermeidung und -reduzierung im Vordergrund (s. Abb. 1.1). Diese beziehen sich einerseits auf das am Markt angebotene Leistungsspektrum und andererseits auf die betrieblichen Prozesse (Hvam et al. 2020). Dabei ist zwischen einer betriebsexternen und -internen Perspektive auf Produkte und Prozesse zu unterscheiden (Schuh et al. 2011). Aus externer Sicht muss das Produktprogramm den individuellen Kundenbedürfnissen entsprechen. Gleichzeitig hat die Auftragsabwicklung zur Zufriedenheit der Kunden zu erfolgen. Aus interner Sicht muss dieses differenzierte Produktprogramm zu möglichst geringen Kosten realisiert werden. Dazu bedarf es einer geeigneten Produktarchitektur und effizienter Prozesse (Schuh et al. 2011).

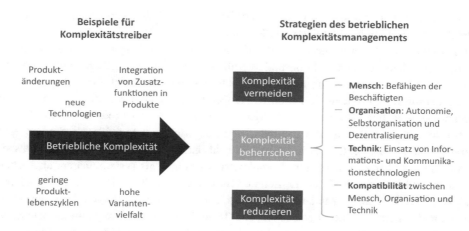

Abb. 1.1 Strategien des Komplexitätsmanagements (Hinrichsen et al. 2023, modifiziert)

Eine Vermeidung von Komplexität kann beispielsweise über eine Modularisierung der Produkte und eine Wiederverwendung einzelner Module über das gesamte Produktspektrum erfolgen (Kamrani 2002). Diese Modularisierung geht mit der Definition einheitlicher Schnittstellen und der Standardisierung von Bauteilen einher (Ponn und Lindemann 2011, S. 251). Diese Maßnahmen führen zu verringerten Komplexitätskosten in der Produktion, da Losgrößen bzw. Wiederholhäufigkeiten steigen und die Varianz abnimmt. Darüber hinaus können auch in der Produktion Strategien der Komplexitätsvermeidung verfolgt werden, indem beispielsweise Betriebsmittel modular aufgebaut werden und sich über diese standardisierten Module einfach rekonfigurieren lassen (Koren 2020). Diese Wandlungsfähigkeit von technischen Systemen kann einerseits innerhalb eines Produktlebenszyklus hilfreich sein, indem insbesondere der Automationsgrad möglichst einfach an die Nachfragemenge angepasst werden kann und so jeweils eine in hohem Maße wirtschaftliche Systemkonfiguration realisiert wird. Andererseits trägt dieser modulare Aufbau von Betriebsmitteln dazu bei, dass zumindest ein Teil der Module auch nach Ende des Produktlebenszyklus weitergenutzt werden kann. Diese erweiterte Nutzungsdauer gewährleistet eine hohe Investitionseffizienz dieser Betriebsmittel (Hinrichsen et al. 2014). Ferner unterstützt eine modulare Architektur von Betriebsmitteln die Effektivität und Effizienz der Instandhaltungsprozesse.

Während sich Strategien der Komplexitätsvermeidung auf die Entwicklung von neuen Produkten und Prozessen beziehen, beinhaltet die Komplexitätsreduktion eine Veränderung bestehender Produkte und Prozesse. Beispielsweise kann Komplexität reduziert werden, indem einzelne Produkte aus dem Produktprogramm eliminiert werden oder Prozesse vereinfacht werden. Über eine konsequente Anwendung von Strategien der Komplexitätsvermeidung und -reduktion steigt für die Beschäftigten tendenziell der Anteil der

Routinetätigkeiten, sodass etwa Such- und Orientierungszeiten vermieden und dadurch die Arbeitsproduktivität gesteigert werden kann (Lotter 2012).

Allerdings sind diesen Strategien der Komplexitätsvermeidung und -reduktion in der variantenreichen Serienproduktion und vor allem in der industriellen Individualproduktion enge Grenzen gesetzt, da Kunden vielfach erwarten, dass auch ihre sehr speziellen Anforderungen an Produkte und Dienstleistungen berücksichtigt werden. Zudem machen technologische Innovationen immer wieder Anpassungen an Produkten und Prozessen erforderlich. Daher ist mit der industriell ausgerichteten Individualproduktion eine strategische Neuausrichtung erforderlich. Es geht darum, Strategien der Komplexitätsbeherrschung stärker zu fokussieren. Komplexität wird dabei als systeminhärent angesehen (Brinzer und Banerjee 2017; Hinrichsen und Bornewasser 2020, S. 15). Die Beherrschung der Komplexität kann über unterschiedliche strategische Ansätze erfolgen. Diese beziehen sich auf das Personal, die Organisation und Technik sowie die Kompatibilität zwischen allen Systemelementen (s. Abb. 1.1). Das Kompatibilitätsprinzip bildet dabei eine Klammer um die personellen, organisatorischen und technischen Ansätze zur Beherrschung von Komplexität. Im Ergebnis zielt der Ansatz der Komplexitätsbeherrschung darauf ab, die Agilität und Resilienz eines Betriebes zu verbessern, um die sich immer wieder ändernden Anforderungen bewältigen zu können (Hinrichsen et al. 2023).

Der personelle Ansatz zur Beherrschung von Komplexität bezieht sich auf die Handlungskompetenzen der Beschäftigten. Sie sollen befähigt werden, mit unterschiedlichen, wechselnden Anforderungen zurecht zu kommen und ihre eigenen Arbeitsprozesse weiterzuentwickeln. So wird etwa über Schulungspläne, Coaching-Programme oder Trainings sichergestellt, dass die unterschiedlichen Anforderungen zur Zufriedenheit des jeweils nachfolgenden Prozesses und damit des Kunden umgesetzt werden (Liker und Convis 2012). Beispielsweise erfordert die konsequente Umsetzung des Flussprinzips im Toyota-Produktionssystem die gezielte Entwicklung der Problemlösungsfähigkeiten der Beschäftigten, da das Funktionieren des Flussprinzips entscheidend davon abhängig ist, ob Störungen jeglicher Art in der Wertschöpfungskette schnell beseitigt und die den Störungen zugrunde liegenden Probleme dauerhaft gelöst werden können. Dabei sind im Unterschied zu dem von Taylor propagierten Produktionssystem alle Beschäftigten angehalten, sich in den Kontinuierlichen Verbesserungsprozess einzubringen (Ohno 1988; Hinrichsen et al. 2020).

Der zweite, organisationale Lösungsansatz zur Beherrschung von Komplexität stammt aus der Systemtheorie (Kirchhof 2003). Aus dieser resultiert die Erkenntnis, dass in hochkomplexen, arbeitsteilig organisierten Systemen die aus den unterschiedlichen, wechselnden externen Anforderungen resultierenden großen extern und intern erzeugten Informationsmengen zumeist nicht zentral verarbeitet werden können. So fehle zentralen Organisationseinheiten oftmals die Flexibilität und das Wissen im Umgang mit variierenden Anforderungen unterschiedlicher Anspruchsgruppen. Autonomie, Selbstorganisation und Dezentralisierung stellten daher einen wichtigen Ansatz zur Beherrschung von Komplexität dar (Kirchhof 2003). Im Toyota-Produktionssystem wird diesem Ansatz beispielsweise über eine Segmentierung und damit Dezentralisierung der Produktion Rechnung getragen (Hinrichsen et al. 2020).

Ein dritter Lösungsansatz zur Beherrschung von Komplexität beinhaltet den Einsatz von Technologien. Insbesondere Informations- und Kommunikationstechnologien werden im Zusammenhang mit dem Konzept Industrie 4.0 als ein Garant dafür angesehen, die mit einer Individual- oder variantenreichen Serienproduktion einhergehenden großen Informationsmengen effektiv und effizient zu verarbeiten und dabei gleichzeitig die Stückkosten gering zu halten. Zur Beherrschung der Komplexität bedarf es vor allem durchgängiger digitaler Prozessketten innerhalb eines Betriebes, aber auch über die gesamte Lieferkette. Für die Beschäftigten in Fertigung, Montage oder Instandhaltung sollte die Informationsbereitstellung dynamisch, also bedarfs- und situationsgerecht über Assistenzsysteme erfolgen. Assistenzsysteme nehmen Daten über Sensoren oder Eingaben auf und verarbeiten diese, um den Beschäftigten die richtigen Informationen (was) zur richtigen Zeit (wann) in der gewünschten Form (wie) bereitzustellen (Hollnagel 1987; Claeys et al. 2015). Komplexitätsbeherrschung bedeutet also, dass auch eine sehr große Anzahl an Produktvarianten nicht zum Problem innerhalb der Wertschöpfungskette werden muss, wenn über Softwaresysteme diese Varianten konfiguriert werden können (Hansen et al. 2012) und alle am Wertschöpfungsprozess Beteiligten entsprechend ihren Bedarfen möglichst automatisiert mit den für sie jeweils erforderlichen auftragsspezifischen Informationen zur richtigen Zeit versorgt werden (z. B. über ein Pick-by-light-System zur Kommissionierung der benötigten Bauteile für ein vom Kunden konfiguriertes Produkt). Darüber hinaus tragen entsprechende Algorithmen zur Planung und Steuerung der Produktion (z. B. Frazzon et al. 2018) zur Beherrschung der Komplexität bei.

Der vierte Lösungsansatz zur Beherrschung von Komplexität – im Sinne von großen, sich dynamisch entwickelnden Informationsmengen – besteht darin, dem Kompatibilitätsprinzip Rechnung zu tragen. Dieses Prinzip beschreibt die Passung zwischen den Elementen eines soziotechnischen Systems und stellt die Voraussetzung für ein erfolgreiches Zusammenwirken aller Elemente auf ein Ziel dar (Bläsing et al. 2021). Bezogen auf die Entwicklung und den Einsatz von Software bedeutet das Kompatibilitätsprinzip, dass die Software an den Anforderungen des Betriebes und der Softwarenutzer auszurichten ist. In komplexen Produktionssystemen bzw. betrieblichen Systemen lassen sich allerdings Inkompatibilitäten nicht vollständig vermeiden, sie können lediglich minimiert werden. So führt nach dem Komplexitäts-Kompatibilitäts-Paradigma eine Zunahme an Komplexität in einem System zu einer Abnahme des Wirksamkeitspotenzials ergonomischer Maßnahmen (Karwowski 2005). Wird beispielsweise eine Anwendungssoftware in einer Abteilung eingeführt, so lassen sich dabei vielfach nicht alle Nutzeranforderungen bei der Gestaltung dieser Software berücksichtigen, da sich diese mitunter konträr zueinander verhalten. Zudem können sich einzelne Anforderungen im Zeitverlauf – etwa mit einer Zunahme an Erfahrung von Beschäftigten – auch noch verändern. Doch nicht nur innerhalb einzelner Organisationseinheiten, sondern auch abteilungsübergreifend lassen sich Inkompatibilitäten nicht gänzlich vermeiden. So kann eine mittels einer CAD-Software gestaltete Konstruktionszeichnung von einem Produkt ein aus Sicht von Konstrukteuren geeignetes Medium darstellen, um zum Beispiel alternative Möglichkeiten der Konstruktion dieses Produktes zu erörtern. Eine fehlerfreie und übersichtlich gestaltete Konstruktionszeichnung muss aber nicht dem Informationsbedarf eines Montagebeschäftigten entsprechen. Dieser bevorzugt bei komplexen Produkten möglicherweise eine digitale Schritt-für-Schritt-Montageinstruktion anstelle einer CAD-Zeichnung, da letztgenannte aus seiner Sicht unübersichtlich ist und immer wieder zu Such- und Orientierungszeiten sowie Fehlhandlungen führt (Bläsing et al. 2021). Daher stellt sich bezogen auf dieses Beispiel etwa die Frage, wie aus CAD-Daten eines Produktes möglichst (teil-) automatisiert über eine Software eine Schritt-für-Schritt-Montageanleitung erstellt werden kann, die den Anforderungen der Montagebeschäftigten in hohem Maße entspricht und damit eine abteilungsübergreifende Kompatibilität gewährleistet.

Die vier Ansätze zur Beherrschung von Komplexität sind nicht unabhängig voneinander zu betrachten. So begünstigt beispielsweise die Dezentralisierung den Einsatz von Informationstechnik (Kirchhof 2003, S. 213) und umgekehrt, indem einerseits die Prozessverantwortlichen in hohem Maße Einfluss auf die Auswahl bzw. Gestaltung von Software nehmen und andererseits der Softwareeinsatz vielfach erst dezentrale Organisationsstrukturen und räumlich verteilte Arbeit ermöglicht.

1.2   Low-Code-Development als Ansatz zur Beherrschung von Komplexität

Mittels der Low-Code-Programmierung ist es gegenüber vorherigen Generationen von Programmiersprachen möglich, Softwareanwendungen ohne erweiterte Programmierkenntnisse mittels einer grafischen Benutzeroberfläche und mit wenig klassischem Programmiercode („low code") zu erstellen. Der Code wird dabei automatisch im Hintergrund erzeugt bzw. ist in einzelnen verwendeten Funktionsbausteinen hinterlegt (Kahanwal 2013; Waszkowski 2019). Die Programmierung erfolgt über eine Low-Code-Plattform, die die Entwicklungsumgebung bildet und zumeist cloudbasiert ist (Sanchis et al. 2020; Sahay et al. 2020). Die Entwicklung von Anwendungssoftware über eine Low-Code-Plattform – als Low-Code-Development, End-User-Development oder Low-Code-Programmierung bezeichnet – kann entscheidend dazu beitragen, Komplexität in Betrieben beherrschbar zu machen. Low-Code-Development greift dabei entsprechend Abb. 1.2 implizit die vier, in Abschn. 1.1 beschriebenen Prinzipien zur Beherrschung von Komplexität auf (Hinrichsen et al. 2023) (Abb. 1.2).

So besteht mit der Nutzung von Low-Code-Plattformen die Chance, die Softwareentwicklung zumindest partiell zu dezentralisieren. Mit einer solchen Dezentralisierung sind mehrere Vorteile verbunden. So dauert die zentrale, code-basierte Entwicklung von Anwendungssoftware in Betrieben zumeist sehr lange, da nicht genügend IT-Spezialisten

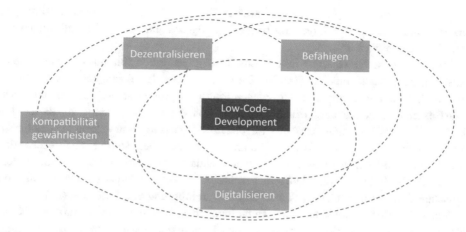

Abb. 1.2 Low-Code-Development als Ansatz zur Beherrschung von Komplexität

mit langjähriger Erfahrung auf dem Arbeitsmarkt verfügbar sind und es daher immer wieder zu Engpässen in IT-Abteilungen kommt (Bitkom Research 2022). Zudem bestehen häufig Schnittstellen- und Kommunikationsprobleme zwischen den künftigen Anwendern einer Software und den Programmierern aus der zentralen IT-Abteilung. Eine Dezentralisierung und damit Verlagerung von Entwicklungsaufgaben in Fachabteilungen können daher dazu beitragen, dass die betriebsinternen Programmierkapazitäten vergrößert werden und bestehende Schnittstellen- und Kommunikationsprobleme entfallen. Im Ergebnis lässt sich so die Dauer von Softwareentwicklungsprojekten reduzieren und die Reaktionsgeschwindigkeit in der Softwareentwicklung erhöhen. Ebenfalls kann eine Dezentralisierung der Softwareentwicklung über Low-Code dabei helfen, eine bestehende Software im Sinne eines Kontinuierlichen Verbesserungsprozesses immer wieder und in kurzer Zeit an veränderte Kunden- und Nutzeranforderungen anzupassen. In der betrieblichen Praxis kommt es darauf an, den passenden (De-)Zentralisierungsgrad zu wählen. So kann es sinnvoll sein, dass Spezialisten für die Backend-Programmierung (z. B. Entwicklung von Konnektoren für den Datenaustausch zwischen Low-Code-Anwendung und Standardsoftware) sowie die Administration der Low-Code-Plattform (z. B. Vergabe von Rechten, Durchführen von Schulungen) zentral in der IT-Abteilung angesiedelt sind, während die Frontend-Programmierung von einfachen Anwendungen mittels Low-Code in erster Linie durch ausgewählte Beschäftigte in Fachabteilungen, sogenannte Citizen Developer, vorgenommen wird. Da die Abteilung Industrial Engineering (IE) über ein ausgeprägtes Wissen zu den betrieblichen Prozessen verfügt, kann eine Strategie auch darin bestehen, die Low-Code-Anwendungsentwicklung des Frontends in dieser Abteilung zu bündeln (anstatt sie auf unterschiedliche Fachabteilungen zu verteilen). Damit würde die klassische IE-Aufgabe der Gestaltung und Optimierung von Prozessen um eine Digitalisierung dieser Prozesse ergänzt werden (Adrian et al. 2020a). Der Vorteil bestünde darin, dass die IE-Beschäftigten über ein ausgeprägtes Verständnis für die Prozessanforderungen verfügen und daher in der Lage sein sollten, „maßgeschneiderte" Softwarelösungen via Low-Code zu entwickeln.

Um die Softwareentwicklung mittels Low-Code-Plattformen zumindest partiell dezentralisieren zu können, müssen IT-affine Beschäftigte aus den Fachabteilungen befähigt werden, Anwendungen mittels einer solchen Plattform programmieren zu können. Dazu bedarf es eines modular aufgebauten Schulungskonzeptes, um – analog zu „Belts" bei Six Sigma – Qualifizierungsstandards für die Low-Code-Programmierung zu etablieren. Um eine hohe Qualität der Softwareentwicklung sicherzustellen, sollte ein betriebsspezifischer Leitfaden erstellt werden, der sämtliche Standards der Softwareentwicklung mittels der ausgewählten Low-Code-Plattform beschreibt (z. B. Standards zur Gestaltung von grafischen Benutzeroberflächen, Standards zur Durchführung von Softwaretests).

Neben der Dezentralisierung und Befähigung besteht ein dritter Ansatz zur Komplexitätsbeherrschung darin, Informations- und Kommunikationstechnik einzusetzen, um große, sich dynamisch verändernde Datenmengen verarbeiten, speichern und weiterleiten zu können. Low-Code-Plattformen tragen diesem steigenden Bedarf an betriebsspezifisch gestalteten Softwareanwendungen zur Verarbeitung von Informationen und zur Digitalisierung von Prozessen Rechnung. Dabei unterstützen sie den Trend zur Nutzung von Apps auf mobilen Endgeräten, indem mit der Einführung einer Low-Code-Plattform wesentliche Voraussetzungen für eine Programmierung und Verwendung von „Enterprise Apps" (Gröger et al. 2013) geschaffen werden.

Entsprechend des Kompatibilitätsprinzips ist eine Low-Code-Plattform auszuwählen, die kompatibel zu den Anforderungen der Beschäftigten und des Betriebes gestaltet ist. Eine der größten Herausforderungen der Entwicklung von Low-Code-Plattformen liegt dabei – gemäß dem Komplexitäts-Kompatibilitäts-Paradigma (Karwowski 2005) – in der Minimierung von Inkompatibilitäten. So bemängelt etwa Lethbridge (2021), dass zur Entwicklung von Software bei einigen Low-Code-Plattformen – trotz der Bezeichnung „low code" – in Wirklichkeit große Mengen Code erzeugt werden müssen, allerdings die Wartung dieses Codes schwieriger sein kann als bei klassischen Programmiersprachen, da Low-Code-Plattformen bewährte Praktiken wie Versionierung, arbeitsteilige Entwicklung, Wiederverwendung von Programmbausteinen oder automatisierte Tests nicht angemessen unterstützen.

Bei der Umsetzung des Kompatibilitätsprinzips kann zwischen Mensch-Technik-, Organisation-Technik- und Technik-Technik-Kompatibilitäten unterschieden werden (Hinrichsen et al. 2023), wie nachfolgend exemplarisch verdeutlicht wird. Die Mensch-Technik-Kompatibilität von Low-Code-Plattformen wird dadurch gewährleistet, dass sich der Programmierer bei der Nutzung von Low-Code-Plattformen wenig Gedanken um die Syntax von Code machen muss, sondern seinen Fokus auf die Gestaltung der Funktionalität und Bedienbarkeit der Software richten kann (Waszkowski 2019). Beispielsweise lassen sich einzelne Bedienelemente (z. B. Schaltfläche, Checkbox, Textfeld) ganz einfach per Drag-and-Drop auf der zu gestaltenden Benutzeroberfläche anordnen. Grundsätzlich sollte die Plattform so gestaltet werden, dass der Schulungsaufwand für neue Plattformnutzer möglichst gering ist, gleichzeitig aber alle aus Anwendersicht benötigten Funktionen in der Plattform verfügbar sind, um eine „passgenaue" Software entwickeln zu können. In diesen beiden Anforderungen – geringer Schulungsaufwand und „passgenaue" Softwareentwicklung – kommt das Dilemma der Low-Code-Programmierung zum Ausdruck, da tendenziell der Zusammenhang zu gelten scheint, dass sehr geringe Einstiegshürden und hohe Entwicklungsgeschwindigkeit (sehr wenig Code oder „No Code") den Gestaltungsspielraum in der Softwareentwicklung einschränken und die Entwicklung anforderungsgerechter Softwareanwendungen erschweren.

Eine Organisation-Technik-Kompatibilität kann hergestellt werden, indem Low-Code-Plattformen es ermöglichen, dass die Programmierung einer Anwendung arbeitsteilig vorgenommen wird (s. o.). So wird etwa die Low-Code-Anwendungsentwicklung des Frontends von einem Citizen Developer vorgenommen, Programmierarbeiten am Backend – wie die Entwicklung von Konnektoren zur Anbindung der Software an andere Systeme – werden aber zentral in der IT-Abteilung angesiedelt. Dabei sollten es Low-Code-Plattformen ermöglichen, auch code-basierte Programmiersprachen zu verwenden. Auch die Möglichkeit, differenzierte Nutzerrechte für eine Low-Code-Plattform anlegen zu können, unterstützt die Kompatibilität zwischen Organisation und Technik.

Die Technik-Technik-Kompatibilität korrespondiert mit dem Konzept der Interoperabilität. Dabei kann zwischen fünf Arten von Interoperabilität unterschieden werden (da Rocha et al. 2020; Margaria et al. 2021): 1) Geräteinteroperabilität („device interoperability"), 2) Netzwerkinteroperabilität („network interoperability"), 3) Syntaktische Interoperabilität („syntactical interoperability"), 4) Semantische Interoperabilität („semantic interoperability"), 5) Plattforminteroperabilität („platform interoperability"). Plattforminteroperabilität meint zum Beispiel, dass es möglich sein sollte, die Low-Code-Plattformen selbst, aber vor allem auch die entwickelten Low-Code-Anwendungen einfach in die bestehende IT-Infrastruktur zu integrieren. Dazu bieten die etablierten Low-Code-Plattformen über Schnittstellen und Konnektoren zu Standardsoftware die Möglichkeit, die entwickelte Anwendung in eine bestehende betriebliche IT-Architektur einzufügen, indem beispielsweise Daten aus einem ERP-System von der entwickelten Anwendung genutzt oder Daten von der Anwendung in das ERP-System transferiert werden. Eine hohe Interoperabilität bzw. Technik-Technik-Kompatibilität trägt – wie auch die Mensch-Technik- und Technik-Organisation-Kompatibilität – dazu bei, die Zeit von der Ermittlung der Anforderungen – über die Programmierung und Durchführung von Tests – bis hin zur Inbetriebnahme der Software deutlich zu verkürzen.

1.3   Einordnung und Bedeutung der Low-Code-Programmierung

Eine Einordnung der Low-Code-Programmierung kann nach unterschiedlichen Kriterien erfolgen. Programmiersprachen werden nach ihrem Abstraktionsgrad klassifiziert – beginnend mit Low-Level-Programmiersprachen über Middle- und High-Level- bis hin zu Very-High-Level- und Higher-Level-Programmiersprachen (Kahanwal 2013). Dabei werden fünf Generationen von Programmiersprachen (GL) unterschieden. Diese reichen von der Maschinensprache („First Generation Language" – 1GL), über die Assembler-Sprache („Second Generation Language" – 2GL), die höheren Programmiersprachen („Third Generation Language" – 3GL) bis hin zur deklarativen Programmierung („Forth Generation Language" – 4GL). Darüber hinaus wird daran gearbeitet, Softwareentwicklung über eine Nutzung künstlicher Intelligenz („Fifth Generation Language" – 5GL) zu automatisieren (Kahanwal 2013). Maschinensprache zählt zu den Low-Level-Sprachen, da sie keine oder nur eine geringe Abstraktion von der Befehlssatzarchitektur eines Computers bietet. Diese mangelnde Abstraktion führt dazu, dass die Bedeutung von umfangreichen, spezifischen Maschinencodes selbst für Experten nicht unmittelbar ersichtlich ist. In der Folge gestaltet sich beispielsweise die Fehlersuche als sehr aufwendig. Zudem eignet sich Maschinencode nicht zur Programmierung komplexer Anwendungen (Kahanwal 2013). Programmiersprachen mit zunehmendem Abstraktionsniveau ähneln immer mehr der menschlichen Sprache. So benötigen Programmierer von Sprachen der unteren und mittleren Ebene deutlich mehr Wissen um technische Zusammenhänge als Programmierer von Hochsprachen (Kahanwal 2013). Programmiersprachen der vierten Generation gelten als in hohem Maße interaktiv und unterstützen den Dialog zwischen dem Programmierer und dem Computer. Low-Code-Programmierung hat sich inzwischen als charakterisierender Begriff für eine bedeutende Ausprägung der 4GL-Programmiersprachen etabliert (Waszkowski 2019).

Eine weitere Einordnung der Low-Code-Programmierung kann nach der Art der einzusetzenden Software vorgenommen werden. So stellt sich bei der Digitalisierung von Prozessen die Frage, ob Standardsoftwarelösungen am Markt beschafft, betriebsspezifisch konfiguriert und eingesetzt oder ob Softwarelösungen selber entwickelt werden sollen (Krcmar 2015, S. 212). Entscheidet sich ein Betrieb für die letztgenannte Option, stellt sich die Frage, ob externe Dienstleister mit der Programmierung beauftragt werden oder die Programmierung betriebsintern von eigenen Beschäftigten vorgenommen wird. Zudem ist zu entscheiden, welche Generation von Programmiersprache Anwendung finden soll. Von praktischer Relevanz sind in den allermeisten Betrieben nur die Programmiersprachen der dritten und vierten Generation. Daher ist zu entscheiden, ob die Softwareanwendung mittels Low-Code-Plattform (4GL) oder über eine „klassische" Programmiersprache der dritten Generation, eine sogenannte höhere Programmiersprache, entwickelt werden soll. Die zu treffenden Entscheidungen – „Make-or-Buy" und Art der Programmierung – sind in Abb. 1.3 in Form einer Matrix dargestellt.

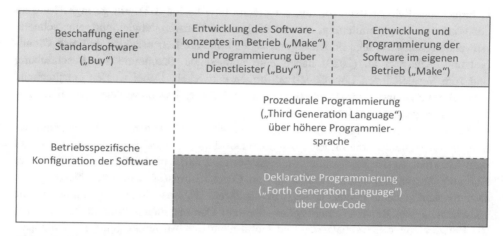

Abb. 1.3 Entscheidungsmatrix zur Softwarebeschaffung bzw. -entwicklung

Seit einigen Jahren entwickelt sich der Markt für Low-Code-Plattformen sehr dynamisch, da immer mehr Software über solche Plattformen entwickelt wird. Nach Angaben von Marktforschern gibt es inzwischen mehr als 200 verschiedene Low-Code-Plattformen, die sich hinsichtlich ihrer Ausrichtung, Technologien und Anwendungsfälle unterscheiden (Al Alamin et al. 2021). Nach Einschätzung der Marktforscher von Gartner könnten bis 2025 bereits 70 % aller neuen Businessanwendungen auf „no code" oder „low code" basieren (Winternheimer 2022) (Abb. 1.3).

1.4 Merkmale, Anwendungsgebiete und Potenziale der Low-Code-Programmierung

Pinho et al. (2022) kommen auf Basis einer umfangreichen Analyse der Fachliteratur zu dem Ergebnis, dass acht Merkmale mit der Low-Code-Programmierung in Verbindung gebracht werden können. Das am häufigsten in der Literatur genannte Merkmal ist, dass die Anwendungsentwicklung durch Beschäftigte aus Fachabteilungen („non programmers as users") und nicht durch IT-Spezialisten erfolgt. Am zweithäufigsten wird in der Literatur angeführt, dass Low-Code-Development über visuelle Werkzeuge und mittels Drag-and-Drop vorgenommen werde (Pinho et al. 2022). So lassen sich Steuerelemente – etwa Eingabefelder, Navigations-Buttons oder Dropdown-Felder – über eine Drag-and-Drop-Funktion in die einzelnen Bildschirmansichten einfügen. Die Bildschirmansichten und Steuerelemente können wiederum über vorgefertigte Funktionsbausteine miteinander verknüpft werden, sodass auf diese Weise eine komplette Softwareanwendung aufgebaut werden kann (Adrian et al. 2020b). Weitere Merkmale der Low-Code-Entwicklung sind entsprechend der Studie von Pinho et al. (2022) eine erhöhte Abstraktion und damit

Gebrauchstauglichkeit der Programmiersprache (s. Abschn. 1.3), ein geringes Maß an code-basierter Programmierung, eine modellbasierte Softwareentwicklung, eine schnelle Anwendungsentwicklung, ein Management des Software-Lebenszyklus und eine Cloud-Nutzung. Sahay et al. (2020) haben eine umfassende Taxonomie zur Beschreibung und zum Vergleich von Low-Code-Plattformen entwickelt. Dabei werden entsprechend Tab. 1.1 zehn Hauptmerkmale unterschieden, zu denen es jeweils weitere Merkmale bzw. Merkmalsausprägungen gibt.

Nach Pinho et al. (2022) lassen sich unterschiedliche Typen von Softwareanwendungen unterscheiden, die mittels Low-Code-Development entwickelt werden (entspricht dem Merkmal 10 der Taxonomie von Sahay et al. 2020). Am häufigsten werden in der Literatur Anwendungen zur Abbildung von Geschäftsprozessen und zur Nutzung von Datenbanken genannt. Ebenso häufig wird als Zweck der Low-Code-Programmierung die Entwicklung von Benutzerschnittstellen erwähnt. Darüber hinaus wird in der Literatur die Entwicklung von webbasierten und mobil genutzten Anwendungen („mobile apps") mittels Low-Code-Plattformen erörtert.

Low-Code-Plattformen kommen in ganz unterschiedlichen Branchen und betrieblichen Funktionsbereichen zum Einsatz. Auf den Webseiten der Anbieter von Low-Code-Plattformen finden sich Fallstudien aus Branchen wie beispielsweise Energiewirtschaft,

Tab. 1.1 Merkmale der Low-Code-Softwareentwicklung

Nr	Merkmale der Low-Code-Softwareentwicklung
1	Grafische Benutzeroberfläche (Funktionalitäten der Frontend-Entwicklung, wie z. B. das Anlegen von Schaltflächen, Dashboards oder Workflows)
2	Interoperabilität zu externen Diensten und Datenquellen (z. B. Möglichkeit des Datenaustauschs mit Cloud-/ File-Hosting-Diensten)
3	Gewährleisten der Datensicherheit und des Datenschutzes (z. B. Authentifizierungsmechanismen, Benutzerzugangskontrolle)
4	Unterstützung der kollaborativen Entwicklung (Möglichkeiten der Zusammenarbeit von mehreren Softwareentwicklern bei der Erstellung einer Anwendung)
5	Unterstützung der Wiederverwendbarkeit von Software-Artefakten (z. B. Anlegen von Vorlagen oder Wiedernutzung von entwickelten Dashboards)
6	Skalierbarkeit (z. B. Anpassen der Zahl der aktiven Nutzer oder des Cloud-Speichervolumens)
7	Mechanismen zur Spezifikation der Geschäftslogik (z. B. über grafischen Workflow-Editor)
8	Mechanismen zur Erstellung von Anwendungen (Art, wie die Anwendung erstellt wird, z. B. durch die Verwendung einer Code-Generierungstechnik)
9	Bereitstellung der fertigen Anwendung (über Cloud oder lokale IT-Infrastruktur)
10	Art der unterstützten Anwendungen (z. B. Prozessautomatisierung, Workflow Management, Qualitätsmanagement, Überwachung von Ereignissen)

Banken und Versicherungen, Gesundheitswesen, Telekommunikation und Verarbeitendes Gewerbe. Die in diesen Fallstudien beschriebenen Low-Code-Anwendungen kommen in betrieblichen Funktionen wie etwa Vertrieb, Rechnungswesen, Personalwesen, Logistik, Projektmanagement oder Produktion zum Einsatz. In Anlehnung an Sufi (2023) sind die Potenziale der Low-Code-Programmierung zusammenfassend in Tab. 1.2 aufgeführt.

Die in Tab. 1.2 skizzierten Potenziale können nur erschlossen werden, wenn ein hohes Maß an Kompatibilität zwischen Organisation, Technik und Personal realisiert

Tab. 1.2 Potenziale der Low-Code-Anwendungsentwicklung

Nr	Potenziale der Low-Code-Anwendungsentwicklung
1	Steigerung der Arbeitsproduktivität der Nutzer einer Low-Code-Anwendung (z. B. Verwendung eines Workflows in der Low-Code-App anstelle der zuvor genutzten E-Mail-Kommunikation; Transparenz zum Status aller Vorgänge in der Low-Code-App, sodass E-Mails oder Anrufe zwecks Ermittlung des Status eines Vorgangs vermieden werden) (s. Kap. 6)
2	Beherrschen der (zunehmenden) Komplexität über die schnelle und bedarfsgerechte Entwicklung von Softwareanwendungen zur Digitalisierung und Optimierung von Geschäftsprozessen (s. Abschn. 1.2)
3	Steigerung der Arbeitsproduktivität der Softwareentwickler durch höheren Abstraktionsgrad der Programmierung (s. Abschn. 1.3) sowie moderne Funktionen der Low-Code-Plattformen (z. B. Responsive Design, Single Sign-on, Konnektoren zur Anbindung an andere Softwaresysteme)
4	Reduzierung der Dauer von Softwareentwicklungsprojekten u. a. durch Verringerung der Schnittstellen im Prozess der Softwareentwicklung (Vermeiden von Kommunikationsbarrieren zwischen der Fachabteilung als interner Kunde des Softwareentwicklungsprojektes und der IT-Abteilung als interner Lieferant, s. Abschn. 1.2)
5	Erweiterung der betrieblichen Kapazität in der Softwareentwicklung durch zusätzliche Citizen Developer, die in vergleichsweise kurzer Zeit die Low-Code-Programmierung erlernen können (s. Abschn. 1.2)
6	Verbesserung der Qualität der Softwareentwicklung (hohe Gebrauchstauglichkeit und Akzeptanz der entwickelten Lösung) durch Einsatz von Citizen Developern als Prozessexperten (s. Abschn. 1.2)
7	Flexibilität, Kosteneffizienz, Sicherheit, Mobilität und einfache Migration der Low-Code-Plattform über Nutzung von cloudbasierten Technologien anstelle herkömmlicher On-Premises-Lösungen (Sufi 2023)
8	Schnelle Entwicklung von Prototypen, die durch Nutzer getestet und optimiert werden können (Sufi 2023)
9	Gewährleisten internationaler Informationssicherheitsstandards durch die Anbieter von Low-Code-Plattformen (Sufi 2023)
10	Unterstützung des Kontinuierlichen Verbesserungsprozesses von Low-Code-Anwendungen über detaillierte Nutzerstatistiken und KI-basierte Verbesserungsvorschläge zu einzelnen Softwareanwendungen (Sufi 2023)

wird (s. Abschn. 1.2). Insbesondere kommt es darauf an, eine den betrieblichen Anforderungen entsprechende Low-Code-Plattform auszuwählen (s. Kap. 3), Beschäftigte in der Nutzung dieser Plattform systematisch zu qualifizieren und die Digitalisierung von Geschäftsprozessen mittels Low-Code-Anwendungen in der Organisation zu verankern. Nach Richardson und Rymer (2016) verfügen die meisten universell einsetzbaren Low-Code-Plattformen der führenden Plattformanbieter über umfassende Funktionen. Damit zielen diese Anbieter darauf ab, dass Kunden all ihre Anwendungen ausschließlich mit der einen Plattform erstellen. Die drei Haupthindernisse der Nutzung von Low-Code-Plattformen sind nach der Studie von Pinho et al. (2022) mangelnde Interoperabilität, unzureichende Skalierbarkeit und eine starke Abhängigkeit vom Anbieter der Low-Code-Plattform („vendor lock-in").

Literatur

Adrian, B., Hinrichsen, S., & Nikolenko, A. (2020a). App Development via Low-Code Programming as Part of Modern Industrial Engineering Education. In I. Nunes (eds) Advances in Human Factors and Systems Interaction. AHFE 2020a. Advances in Intelligent Systems and Computing, vol 1207. Springer, Cham. https://doi.org/10.1007/978-3-030-51369-6_7

Adrian, B., Hinrichsen, S., Schulz, A., & Voß, E. (2020b). Low-Code-Programmierung als Ansatz zur Gestaltung bedarfsgerechter informatorischer Assistenzsysteme – eine Fallstudie. In M. Bornewasser & S. Hinrichsen (eds), Informatorische Assistenzsysteme in der variantenreichen Montage. Springer Vieweg, S. 173–186. https://doi.org/10.1007/978-3-662-61374-0_9

Al Alamin, A., Malakar, S., Uddin, G., Afroz, S., Haider, T., & Iqbal, A. (2021). An Empirical Study of Developer Discussions on Low-Code Software Development Challenges. In 2021 IEEE/ACM 18th International Conference on Mining Software Repositories (MSR), Madrid, Spain, S. 46–57. https://doi.org/10.1109/MSR52588.2021.00018

Bitkom Research (2022, 03. Januar). IT-Fachkräftelücke wird größer: 96.000 offene Jobs. Abgerufen 16. Februar 2023, von https://www.bitkom-research.de/de/pressemitteilung/it-fachkraefteluecke-wird-groesser-96000-offene-jobs

Bläsing, D., Bornewasser, M., & Hinrichsen, S. (2021). Cognitive compatibility in modern manual mixed-model assembly systems. Z. Arb. Wiss., pp. 289–302 https://doi.org/10.1007/s41449-021-00296-1

Brecher, C., Kolster, D., & Herfs, W. (2011). Innovative Benutzerschnittstellen für die Bedienpanels von Werkzeugmaschinen. ZWF Zeitschrift für wirtschaftlichen Fabrikbetrieb, 106(7–8), 553–556. https://doi.org/10.3139/104.110607

Brinzer, B., & Banerjee, A. (2017). Komplexitätsbewertung im Kontext Cyber-physischer Systeme. ZWF Zeitschrift für wirtschaftlichen Fabrikbetrieb, 112(5), 341–345. https://doi.org/10.3139/104.111709

Claeys, A., Hoedt, S., Soete, N., Van Landeghem, H., & Cottyn, J. (2015). Framework for Evaluating Cognitive Support in Mixed Model Assembly Systems. IFAC-PapersOnLine, 48(3), 924–929. https://doi.org/10.1016/j.ifacol.2015.06.201

da Rocha, H., Espirito-Santo, A., & Abrishambaf, R. (2020). Semantic interoperability in the industry 4.0 using the IEEE 1451 standard. In IECON 2020 The 46th Annual Conference of the IEEE Industrial Electronics Society, pp. 5243–5248.

Frazzon, E. M., Kück, M., & Freitag, M. (2018). Data-driven production control for complex and dynamic manufacturing systems. CIRP Annals, 67(1), 515–518. https://doi.org/10.1016/j.cirp. 2018.04.033

Gröger, C., Silcher, S., Westkämper, E., & Mitschang, B. (2013). Leveraging Apps in Manufacturing. A Framework for App Technology in the Enterprise. Procedia CIRP, 7, 664–669. https://doi.org/ 10.1016/j.procir.2013.06.050

Hansen, C. L., Mortensen, N. H., Hvam, L., & Harlou, U. (2012). Calculation of complexity costs – an approach for rationalizing a product program. In DS 71: Proceedings of NordDesign 2012, the 9th NordDesign conference, Aarlborg University, Denmark. 22–24.08. 2012.

Hinrichsen, S., Jasperneite, J., Schrader, F., & Lücke, B. (2014). Versatile Assembly Systems – Requirements, Design Principles and Examples. In F.-J. Villmer & E. Padoano (eds), Production Engineering and Management. Proceedings 4th International Conference. 25.– 26.09.2014 in Lemgo, Schriftenreihe Logistik, Band 10/2014, pp. 37–45.

Hinrichsen, S., & Bornewasser, M. (2020). Veränderung der Gestaltungsparadigmen industrieller Montagearbeit. In M. Bornewasser & S. Hinrichsen (eds), Informatorische Assistenzsysteme in der variantenreichen Montage. Springer Vieweg, S. 1–20. https://doi.org/10.1007/978-3-662-613 74-0_1

Hinrichsen, S., Moriz, N., & Bornewasser, M. (2020). Entwicklungstrends in der Montage. In M. Bornewasser & S. Hinrichsen (eds), Informatorische Assistenzsysteme in der variantenreichen Montage. Springer Vieweg, S. 187–213. https://doi.org/10.1007/978-3-662-61374-0_10

Hinrichsen, S., Adrian, B., Becker, K. L., & Nikolenko, A. (2023). How to select and implement a suitable low-code platform. In 5th International Conference on Human Systems Engineering and Design: Future Trends and Applications (IHSED 2023). https://doi.org/10.54941/ahfe1004155

Hollnagel, E. (1987). Information and reasoning in intelligent decision support systems. International Journal of Man-Machine Studies, 27(5–6), 665–678. https://doi.org/10.1016/s0020-737 3(87)80023-8

Hvam, L., Hansen, C. L., Forza, C., Mortensen, N. H., & Haug, A. (2020). The reduction of product and process complexity based on the quantification of product complexity costs. International Journal of Production Research, 58(2), 350–366. https://doi.org/10.1080/00207543.2019.158 7188

Kahanwal, B. (2013). Abstraction Level Taxonomy of Programming Language Frameworks. International Journal of Program Languages and Applications, 3(4), 1–12. https://doi.org/10.48550/ arXiv.1311.3293

Kamrani, A. K. (2002). Product design for modularity: QFD approach. In IEEE Proceedings of the 5th Biannual World Automation Congress, 14, 45–50. https://doi.org/10.1109/WAC.2002.104 9419

Karwowski, W. (2005). Ergonomics and human factors: the paradigms for science, engineering, design, technology and management of human-compatible systems. Ergonomics, 48(5), 436– 463. https://doi.org/10.1080/00140130400029167

Kirchhof, R. (2003). Ganzheitliches Komplexitätsmanagement – Grundlagen und Methodik des Umgangs mit Komplexität im Unternehmen. Springer Fachmedien. https://doi.org/10.1007/978-3-663-10129-1_4

Koren, Y. (2020). The Emergence of Reconfigurable Manufacturing Systems (RMSs). In L. Benyoucef (eds) Reconfigurable Manufacturing Systems: From Design to Implementation. Springer Series in Advanced Manufacturing. Springer, Cham. https://doi.org/10.1007/978-3-030-287 82-5_1

Krcmar, H. (2015). Informationsmanagement. 6. Aufl. Berlin, Heidelberg: Springer Gabler. https:// doi.org/10.1007/978-3-662-45863-1

Lethbridge, T. C. (2021). Low-Code Is Often High-Code, So We Must Design Low-Code Platforms to Enable Proper Software Engineering. In T. Margaria & B. Steffen (eds), Leveraging Applications of Formal Methods, Verification and Validation. ISoLA 2021. Lecture Notes in Computer Science, vol 13036. Springer, Cham. https://doi.org/10.1007/978-3-030-89159-6_14

Liker, J. K., & Convis, G. L. (2012). Toyota way to lean leadership: Achieving and sustaining excellence through leadership development. McGraw-Hill Education.

Lotter, B. (2012). Manuelle Montage von Kleingeräten. In B. Lotter & H.-P. Wiendahl (Hrsg.), Montage in der industriellen Produktion, 2. Aufl. Berlin, Heidelberg: Springer, S. 109–146. https://doi.org/10.1007/978-3-642-29061-9

Margaria, T., Chaudhary, H. A. A., Guevara, I., Ryan, S., & Schieweck, A. (2021). The Interoperability Challenge: Building a Model-Driven Digital Thread Platform for CPS. In T. Margaria & B. Steffen (eds), Leveraging Applications of Formal Methods, Verification and Validation. ISoLA 2021. Lecture Notes in Computer Science, vol 13036. Springer, Cham. https://doi.org/10.1007/978-3-030-89159-6_25

Ohno, T. (1988). Toyota Production System: Beyond Large-Scale Production. Productivity Press. https://doi.org/10.4324/9780429273018

Pinho, D., Aguiar, A., & Amaral, V. (2022). What about the usability in low-code platforms? A systematic literature review. Journal of Computer Languages (Preprint). https://doi.org/10.1016/j.cola.2022.101185

Ponn, J., & Lindemann, U. (2011). Konzeptentwicklung und Gestaltung technischer Produkte – Systematisch von Anforderungen zu Konzepten und Gestaltlösungen. 2. Aufl. Berlin, Heidelberg: Springer.

Richardson, C. & Rymer, J. R. (2016). Vendor Landscape: The Fractured, Fertile Terrain of Low-Code Application Platforms. Forrester Research. https://informationsecurity.report/Resources/Whitepapers/0eb07c59-b01c-4399-9022-dfc297487060_Forrester%20Vendor%20Landscape%20The%20Fractured,%20Fertile%20Terrain.pdf (Datum des Abrufs: 24.02.2023)

Sanchis, R., García-Perales, Ó., Fraile, F., & Poler, R. (2020). Low-Code as Enabler of Digital Transformation in Manufacturing Industry. Applied Sciences. 10(12). https://doi.org/10.3390/app10010012

Sahay, A., Indamutsa, A., Di Ruscio, D., & Pierantonio, A. (2020). Supporting the understanding and comparison of low-code development platforms. In IEEE 46th Euromicro Conference on Software Engineering and Advanced Applications (SEAA), pp. 171–178. https://doi.org/10.1109/SEAA51224.2020.00036

Schuh, G., Arnoscht, J., Bohl, A., & Nussbaum, C. (2011). Integrative assessment and configuration of production systems. CIRP annals, 60(1), 457–460. https://doi.org/10.1016/j.cirp.2011.03.038

Schuh, G., Rudolf, S., Riesener, M., Dölle, C., & Schloesser, S. (2017). Product production complexity research: Developments and opportunities. Procedia CIRP, 60, 344–349. https://doi.org/10.1016/j.procir.2017.01.006

Sufi, F. (2023). Algorithms in Low-Code-No-Code for Research Applications: A Practical Review. Algorithms, 16(2), 108. https://doi.org/10.3390/a16020108

Theuer, H., & Lass, S. (2016). Mastering complexity with autonomous production processes. Procedia CIRP, 52, 41–45. https://doi.org/10.1016/j.procir.2016.07.058

Waszkowski, R. (2019). Low-code platform for automating business processes in manufacturing. IFAC PapersOnLine, 52(10), 376–381. https://doi.org/10.1016/j.ifacol.2019.10.060

Winternheimer, T. (2022). Viel Software für wenig Code. Wirtschaftsinformatik & Management, 14, S. 212–215. https://doi.org/10.1365/s35764-022-00408-4

Merkmale und Entwicklungslinien der Low-Code-Programmierung

Stefan Sauer, Nils Weidmann und Jonas Kirchhoff

Inhaltsverzeichnis

Zusammenfassung

Low-Code-Development als Softwareparadigma ist ein vergleichsweise neuer Ansatz, der erstmals 2014 unter diesem Begriff Erwähnung fand. Die Konzepte, welche dem Ansatz zugrunde liegen, wurden jedoch in weiten Teilen schon in anderen Erscheinungsformen der Softwareentwicklung genutzt, die schon eine zum Teil deutlich

S. Sauer (✉) · N. Weidmann · J. Kirchhoff
Software Innovation Lab, Universität Paderborn, Paderborn, Deutschland
E-Mail: sauer@uni-paderborn.de

N. Weidmann
E-Mail: nils.weidmann@uni-paderborn.de

J. Kirchhoff
E-Mail: jonas.kirchhoff@uni-paderborn.de

© Der/die Autor(en), exklusiv lizenziert an Springer-Verlag GmbH, DE, ein Teil von Springer Nature 2023
S. Hinrichsen et al. (Hrsg.), *Prozesse in Industriebetrieben mittels Low-Code-Software digitalisieren,* Intelligente Technische Systeme – Lösungen aus dem Spitzencluster it's OWL, https://doi.org/10.1007/978-3-662-67950-0_2

längere Historie aufweisen. In diesem Kapitel werden mit den Programmiersprachen der 4. Generation (4GL), der generativen und modellgetriebenen Softwareentwicklung, dem Rapid Application Develepment, End-User-Development sowie dem Domain-Driven Design verschiedene Softwareentwicklungsansätze vorgestellt, welche als Vorläufer der Low-Code-Programmierung angesehen werden können. Zu jedem der Ansätze werden einige bekannte Beispiel-Werkzeuge genannt sowie Gemeinsamkeiten und Unterschiede der jeweiligen Ansätze im Vergleich zur Low-Code-Programmierung herausgearbeitet. Abschließend werden die Begriffe „Low Code", „No Code" und „High Code" voneinander abgegrenzt, sodass am Ende dieses Kapitels eine Definition für Low-Code-Development vorliegt, welche für den weiteren Verlauf dieses Buchs gültig ist.

2.1   Überblick und Einordnung

Der Oberbegriff „Low-Code-Entwicklung" wurde erstmals im Jahr 2014 vom Technologie- und Marktforschungsunternehmen Forrester Research für Entwicklungsumgebungen verwendet, die eine substanzielle Beschleunigung des Softwareentwicklungsprozesses und eine kürzere Reaktionszeit auf Kundenfeedback versprechen[1]. Die Ursprünge von Low-Code-Development können jedoch schon in zum Teil deutlich länger existierenden Softwareentwicklungsansätzen gesehen werden. Abb. 2.1 gibt eine Übersicht über Entwicklungslinien, die seit den 1980er-Jahren entstanden sind und durch ihre Konzepte einen Einfluss auf Low-Code-Development ausüben.

Im Rahmen dieses Kapitels werden die dargestellten Ansätze kurz vorgestellt und in Beziehung zur Low-Code-Programmierung gesetzt. Zu jedem Ansatz werden zudem einige Beispiel-Werkzeuge vorgestellt, die konkrete Einsatzgebiete der jeweiligen Entwicklungsmethoden veranschaulichen. Hiermit soll Fachanwendern die Einordnung des Softwareentwicklungsparadigmas erleichtert werden, da viele Beispiel-Werkzeuge für andere Ansätze in der Vergangenheit einen teils hohen Bekanntheitsgrad erreicht haben.

2.2   Programmiersprachen der 4. Generation

Die historisch gesehen erste Entwicklungslinie, welche als Vorläufer der Low-Code-Programmierung gesehen werden kann, sind Entwicklungsumgebungen für Programmiersprachen der 4. Generation (4GL). Dies sind höhere Programmiersprachen, welche im Vergleich zu universellen Programmiersprachen wie Java, Python oder C++ aufgrund ihrer geringeren Komplexität leichter zu erlernen sind. Das zentrale Ziel dieser Sprachen ist es, die Menge an Code zu reduzieren, welche für die Entwicklung einer Softwareapplikation notwendig ist, und damit den Entwicklungsprozess schneller und effizienter

---

[1] https://www.forrester.com/report/RES113411.

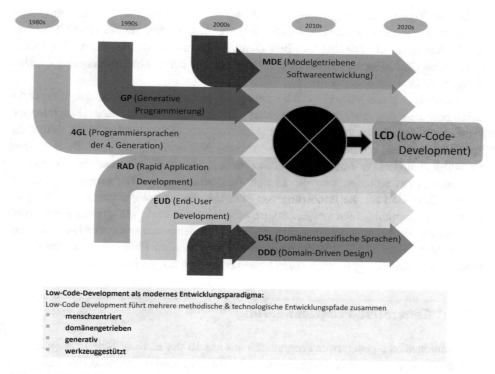

Abb. 2.1 Entwicklungslinien der Low-Code-Programmierung

zu machen. In der Regel handelt es sich hierbei um nicht-prozedurale oder deklarative Programmiersprachen.

Der Begriff „Fourth Generation Language" wurde bereits in den 1980er-Jahren von Martin für Softwareentwicklung mit wenig Programmieraufwand verwendet (Martin 1982, 1985), in den 1990er-Jahren wurden 4GL-Entwicklungsumgebungen für die Programmierung von Datenbankanwendungen mit automatisch generierten Dialogschnittstellen populär.

Als eine der ersten 4GL-Programmierumgebungen wurde Oracle Forms von der insbesondere für ihre Datenbanksysteme bekannten Firma Oracle auf den Markt gebracht. Oracle Forms ermöglicht die Programmierung von Benutzerdialogen für SQL-Datenbankzugriffe, wobei neben Oracle-Datenbanken auch andere relationale Datenbanken unterstützt werden. Aus dem Schema einer Datenbank werden automatisiert Benutzerdialoge zum Erstellen, Lesen, Ändern und Löschen von Datensätzen generiert.

Die Template-Sprache Clarion wurde ebenfalls für eine Entwicklungsumgebung zur Implementierung von Datenbankanwendungen konzipiert. Neben Templates für Datenbankoperationen stehen auch Templates für die Anbindung von Web-Services über HTTP, FTP und Mail sowie den Datenaustausch über XML und JSON zur Verfügung.

Neben kommerziellen Lösungen hat auch die universitäre Forschung 4GL-Programmierumgebungen hervorgebracht. Balzert et al. stellten mit dem JANUS-System ein Werkzeug zur Generierung von Benutzeroberflächen vor, welches für die Implementierung von Client–Server-Anwendungen basierend auf einem objektorientierten Entwurf geeignet ist (Balzert et al. 1996).

Insgesamt weisen 4GL-Entwicklungsumgebungen durch das Ziel der Quellcode-Reduktion und die erhöhte Zugänglichkeit für Personen mit geringen Programmierkenntnissen Parallelen zu Low-Code-Plattformen auf. Dies wird oftmals durch die Spezialisierung auf ein bestimmtes Anwendungsgebiet erreicht, wie z. B. die Erstellung von Pflegedialogen für eine Datenbankanwendung. Durch die Verwendung vorgefertigter Bibliotheken reduziert sich die Menge an Quellcode zum Teil erheblich. Auf der anderen Seite sind für die Benutzung von 4GL-Entwicklungsumgebungen grundlegende Programmierkenntnisse notwendig. So ist beispielsweise ohne ein grundlegendes Verständnis für Variablen, Kontrollstrukturen, etc. keine Anwendungsentwicklung möglich, wohingegen in der Low-Code-Programmierung eine je nach Plattform unterschiedliche Grundfunktionalität schon durch vorgefertigte Bausteine zur Verfügung steht.

2.3   Generative Programmierung

Der Grundgedanke generativer Programmieransätze ist die automatische Erzeugung von Quellcode, sodass repetitive Programmieraufgaben auf niedriger Abstraktionsebene nicht mehr von Menschen übernommen werden müssen. Stattdessen werden Systeme auf einem höheren Abstraktionsniveau beschrieben, sodass mithilfe von Code-Templates ausführbarer Quellcode erzeugt werden kann. In einem zweiten Schritt kann der generierte Code zudem überarbeitet oder hinsichtlich individueller Anforderungen angepasst werden.

Ähnlich wie bei der Verwendung von 4GL-Sprachen wird durch diesen Ansatz die Menge an zu schreibendem Code reduziert, außerdem werden mögliche Fehlerquellen und Inkonsistenzen durch den Entwicklungsprozess vermieden. Zusätzlich wird durch die Code-Generierung die Wartbarkeit der entwickelten Software verbessert.

Generative Programmierung wird oft bei der Entwicklung domänenspezifischer Sprachen (s. Abschn. 2.5), von Code-Bibliotheken sowie komponentenbasierter Softwaresysteme verwendet. Der Ansatz ist außerdem für die Erzeugung von Standard-Codebausteinen und Testfällen sowie andere leicht automatisierbare Aufgaben geeignet.

Code-Generatoren existieren für nahezu alle etablierten Programmiersprachen und sind häufig quelloffen verfügbar. Durch die konzeptuelle Ähnlichkeit zur modellgetriebenen Softwareentwicklung (s. Abschn. 2.4) ist eine trennscharfe Unterscheidung der beiden Entwicklungslinien kaum möglich. Als Beispiel für eine hauptsächlich der generativen Programmierung zuzuordnende Sprache sei an dieser Stelle die Template-Sprache Mustache genannt, welche zur Generierung verschiedener Programmiersprachen genutzt werden kann. Ursprünglich wurde die Sprache zur Unterstützung im Bereich

Frontend-Entwicklung entworfen, ist jedoch mittlerweile vielseitig einsetzbar. Die Code-Generierung erfolgt auf Basis von Eingabedaten im JSON-Format. Die Sprache ist bewusst einfach gehalten, sodass z. B. keine expliziten Kontrollstrukturen im Sprachumfang enthalten sind. Diese können jedoch durch anonyme Funktionen simuliert werden.

Insgesamt haben generative Programmierung und Low-Code-Programmierung gemeinsam, dass Code so weit wie möglich nicht händisch geschrieben, sondern automatisiert erzeugt werden soll. Ausgangspunkt hierfür sind bei generativen Ansätzen Code-Templates und Parameterdaten, welche an entsprechender Stelle anstelle der Platzhalter in den Code-Templates eingesetzt werden, um ausführbaren Quellcode zu erhalten. Low-Code-Anwendungen werden demgegenüber oft mit grafischen Werkzeugen modelliert und mithilfe von Konfigurationsmenüs parametrisiert. Ein wesentlicher Unterschied besteht darin, dass das Ziel-Artefakt bei generativen Ansätzen der erzeugte Quellcode und nicht (nur) die lauffähige Anwendung ist. Dementsprechend richtet sich das generative Programmierparadigma an professionelle Softwareentwickler, wohingegen Citizen Developer, also Personen, die keine professionelle Softwareentwicklungsausbildung erfahren haben, die primäre Zielgruppe von Low-Code-Entwicklungsumgebungen sind.

2.4 Modellgetriebene Softwareentwicklung

In der modellgetriebenen Softwareentwicklung (engl. Model-Driven Engineering, MDE) werden Softwaremodelle als primäre Artefakte des Softwareentwicklungsprozesses betrachtet. Dies bedeutet, dass diese Modelle einen Grad an Formalisierung erreichen müssen, dass aus ihnen automatisiert, d. h. nach festen Regeln, andere Modelle generiert werden können oder Quellcode erzeugt werden kann. An dieser Stelle weist die modellgetriebene Softwareentwicklung starke Überschneidungen mit der generativen Programmierung (s. Abschn. 2.3) auf. Wenn Modelle zwar unterstützend eingesetzt werden, jedoch nicht unmittelbar auf den Entwicklungsprozess einwirken (z. B. in den Phasen Analyse und Design oder zu Dokumentationszwecken), wird im weiteren Sinne von modellbasierter Softwareentwicklung (MBSE) gesprochen.

Modelle folgen sowohl in der modellbasierten als auch modellgetriebenen Softwareentwicklung einer vorgegebenen Struktur, die auch als Metamodell bezeichnet wird: Ein Metamodell beschreibt ein Modell, so wie ein Modell die Wirklichkeit beschreibt. In der objektorientierten Metamodellhierarchie der Meta Object Facility[2] (MOF) der Object Management Group (OMG) sind Modelle Instanzen eines Metamodells. Durch das Metamodell wird eine Modellierungssprache definiert, wie beispielsweise die Unified Modeling Language[3] (UML), die Systems Modeling Language[4] (SysML) oder Business Process

---

[2] http://www.omg.org/mof/.

[3] https://www.uml.org/.

[4] https://www.omgsysml.org/.

Model and Notation (BPMN)[5], in der beispielsweise Modelle von Softwaresystemen, Systemen bzw. Geschäftsprozessen spezifiziert werden können. Der Ansatz erlaubt es aber auch, weitere, insbesondere domänenspezifische Modellierungssprachen zu definieren (s. auch Abschn. 2.5). Ziel ist es, hierdurch Domänenexperten (also Fachexperten ohne oder mit geringen Programmierkenntnissen) zu befähigen, die Anwendungsdomäne auf Basis ihres Expertenwissens zu modellieren.

Der Vorgang, automatisiert Quellcode aus Modellen zu erzeugen, wird unter dem Begriff „Model-to-Text-Transformation" gefasst. Voraussetzung für eine effiziente Werkzeugunterstützung dieses Prozesses ist, dass die Metamodelle sich an einem gemeinsamen Standard orientieren. Als einer der bedeutendsten Standards hat sich Ecore[6] etabliert, welcher als Teil des Eclipse Modeling Frameworks (EMF) entwickelt wurde. Da Ecore bezüglich seiner Funktionalität sehr mächtig ist (z. B. im Hinblick auf das Typsystem oder die Navigation zwischen Elementen innerhalb eines Modells), ist die Nutzung dieses Formats auch mit verschiedenen Restriktionen verbunden. Neuere Ansätze nutzen aufgrund von höherer Flexibilität und Leistungsvorteilen bei der Verarbeitung größerer Datenmengen zunehmend Graph-Datenbanken, beispielsweise Neo4j[7], zur Speicherung und Bearbeitung von Modellen.

Für die Transformation von (Ecore-)Modellen zu Text bzw. Quellcode wird häufig die eng mit Java verflochtene Sprache Xtend[8] verwendet. Beide Sprachen nutzen dasselbe Typsystem, Xtend hat jedoch eine kompaktere Syntax als Java und eignet sich aufgrund ihrer Template-Ausdrücke für die Generierung von Code aus Modellen. Xtend wird als Plug-in für die Entwicklungsumgebung Eclipse verbreitet.

Ein weiteres Plug-in für Model-to-Text-Transformation im Eclipse-Umfeld ist Acceleo, welches eine Implementierung des MOF-Standards für die Model-to-Text-Transformation ist. Prinzipiell kann Quellcode jeder textuellen Programmiersprache aus EMF-Modellen generiert werden. Im Gegensatz zu Template-Sprachen wie Mustache (s. Abschn. 2.3) können auch Kontrollstrukturen wie Bedingungen und Schleifen verwendet werden.

Da oft mehrere Modelle in den Softwareentwicklungsprozess involviert sind, spielen auch Transformationen zwischen Modellen eine wichtige Rolle in der modellgetriebenen Softwareentwicklung. Man unterscheidet hier zwischen endogenen Transformationen zwischen Modellen derselben Sprache und exogenen Transformationen zwischen Modellen verschiedener Sprachen.

Endogene Transformationen werden hauptsächlich zur Beschreibung der dynamischen Semantik eines Modells verwendet, d. h. zur Beschreibung korrekter Zustände, die ein System annehmen kann. Um diese Zustandsübergänge zu beschreiben, wird häufig ein Regelsatz definiert, welcher auf Modellen angewendet werden kann, die eine Graph-Struktur aufweisen. Beispiele für sogenannte Graph-Transformationswerkzeuge

---

[5] https://www.bpmn.org/.

[6] www.eclipse.org/modeling/emf/.

[7] neo4j.com/.

[8] https://www.eclipse.org/xtend/.

sind Henshin und VIATRA aus dem Eclipse-Umfeld sowie GRAPE in Kombination mit der Graph-Datenbank Neo4j.

Exogene Transformationen beschreiben semantische Zusammenhänge bzw. Konsistenzbeziehungen zwischen Modellen verschiedener Sprachen. Die OMG hat für exogene Modelltransformationen den MOF Query/View/Transformation (QVT)-Standard[9] definiert, welcher im Wesentlichen aus der imperativen Sprache QVT Operational Mapping und der deklarativen Sprache QVT Relations besteht. Letztere unterstützt das Überprüfen auf Konsistenz (CheckOnly) und das Wiederherstellen von Konsistenz (Enforce). In verschiedenen Veröffentlichungen wurde der QVT-Standard jedoch für seine mehrdeutige Semantik kritisiert (vgl. Stevens 2010).

Einen anderen Weg beschreiten Ansätze, denen der Triple-Graph-Grammatik (TGG-) Formalismus zugrunde liegt. Ähnlich wie bei der endogenen Graph-Transformation werden in diesem Ansatz Regeln definiert, die ausdrücken, wie zu einem gegebenen Modell der einen Sprache ein konsistentes Modell der anderen Sprache erzeugt werden kann. Auch Konsistenzprüfungen zwischen Modellen sowie die Synchronisation von Änderungen werden unterstützt. Beispiel-Werkzeuge, die auf TGGs basieren, sind eMoflon::IBeX, MoTE und EMorF aus dem Eclipse-Umfeld sowie eMoflon::Neo, welches Neo4j zur Speicherung und Bearbeitung der Modelle einsetzt.

Durch die Grundidee, Software auf einem hohen Abstraktionsniveau zu beschreiben, weisen die modellgetriebene Softwareentwicklung, die generative Programmierung und die Low-Code-Programmierung große Gemeinsamkeiten auf. Ziel dieser Ansätze ist es, Domänenexperten mit geringeren Programmierkenntnissen – welche im Low-Code-Bereich als Citizen Developer bezeichnet werden – in den Softwareentwicklungsprozess mithilfe von angemessenen Entwicklungswerkzeugen einzubeziehen.

Unterschiede lassen sich hingegen in der Art der eingesetzten Modellierungssprachen sowie in der verwendeten Softwarearchitektur feststellen. In der modellgetriebenen Softwareentwicklung werden sowohl textuelle als auch visuelle Sprachen eingesetzt, welche jedoch in den allermeisten Fällen domänenspezifisch und für einen konkreten Anwendungszweck entworfen sind. Syntax und Semantik dieser Sprachen sind in der Regel präzise, zuweilen sogar formal definiert, nicht zuletzt um Softwarewerkzeuge verlässlich entwickeln und bereitstellen zu können und schließlich die Interoperabilität verschiedener Werkzeuge zu gewährleisten. Low-Code-Plattformen bieten ihren Nutzern meist rein grafische Werkzeuge zur Modellierung von Benutzeroberflächen, Daten und Prozessen/ Workflows an. Der Fokus liegt bei vielen Plattformen eher auf der einfachen Benutzung als auf der präzisen Spezifikation der verwendeten Elemente. Elemente der Benutzungsschnittstelle ersetzen eine präzise Sprachdefinition. Man könnte sagen: Die Wahrheit liegt in der Benutzungsschnittstelle der Low-Code-Werkzeuge und im Code und nicht in einer präzisen Spezifikation der Beschreibungssprache. Für das Einbinden von textuellem Quellcode werden in der Regel entweder plattformspezifische Sprachen (wie z. B. in Microsoft PowerApps) oder universell einsetzbare Sprachen (HTML, CSS, SQL, …)

---

[9] https://www.omg.org/spec/QVT/.

verwendet. Zudem sind Low-Code-Plattformen und -Anwendungen üblicherweise nur in einer vom Anbieter bereitgestellten Laufzeitumgebung in der Cloud nutzbar, wohingegen MDE-Werkzeuge meist lokal installiert und verwendet werden und der generierte Quellcode vollumfänglich einsehbar ist.

Die Erstellung von korrekten Modellen setzt zwar keine weitergehenden Programmierkenntnisse, jedoch domänenspezifisches Wissen voraus. In diesem Aspekt ähneln sich die modellgetriebene Entwicklung und das Domain-Driven Design bzw. die Entwicklung mit domänenspezifischen Sprachen, welche im folgenden Abschnitt kurz vorgestellt werden.

2.5   Domain-Driven Design & domänenspezifische Sprachen

Domain-Driven Design (DDD) ist ein Softwareentwicklungsansatz, der sich auf die Domäne oder den spezifischen Problembereich konzentriert, für den die Software entwickelt wird. Ziel von DDD ist es, Software zu entwickeln, die eng auf die Bedürfnisse des Geschäftsbereichs und der beteiligten Akteure abgestimmt ist, indem ein tiefes Verständnis des Bereichs und der zugrunde liegenden Konzepte entwickelt und die Software anhand dieser Konzepte modelliert wird.

DDD wurde von Eric Evans in seinem Buch „Domain-Driven Design: Tackling Complexity in the Heart of Software" aus dem Jahr 2003 vorgestellt (Evans 2003). Der Ansatz beinhaltet die Verwendung einer Reihe von Modellierungstechniken, wie z. B. Domänenmodellierung, Entity-Relationship-Modellierung und Verhaltensmodellierung, um die Domäne zu verstehen und darzustellen und um Software zu entwerfen, die den Anforderungen der Domäne gerecht wird.

Eines der Schlüsselkonzepte von DDD ist die Trennung des Domänenmodells von der umgebenden IT-Infrastruktur und den technischen Details der Software. Dies ermöglicht den Entwicklern, sich auf die zentralen Geschäftsanforderungen zu konzentrieren und Software zu erstellen, die flexibel, skalierbar und einfach zu warten ist.

DDD hat sich in vielen Unternehmen durchgesetzt, insbesondere in solchen mit komplexen Domänen und Geschäftsanforderungen, und ist zu einem beliebten Ansatz für die Entwicklung von Software in einer Vielzahl von Bereichen geworden, darunter Finanzen, Gesundheitswesen und E-Commerce (Marzullo et al. 2008).

Während DDD grundsätzlich auch den Einsatz universeller Programmiersprachen erlaubt, bietet sich jedoch der Entwurf einer domänenspezifischen Sprache (DSL) an, deren Anwendungsbereich auf die jeweilige Domäne beschränkt und welche deshalb für Domänenexperten einfach zu erlernen ist. Ein prominentes Beispiel einer domänenspezifischen Sprache zur Modellierung von Geschäftsprozessen ist Business Process Model and Notation (BPMN), welche ebenfalls von der OMG standardisiert wurde (s. Abschn. 2.4 und Kap. 5).

Für den Entwurf von DSLs stehen darüber hinaus verschiedene Software-Werkzeuge zur Verfügung. Im Eclipse-Umfeld ist hier vor allem das Open-Source-Framework Xtext[10]

---

[10] https://www.eclipse.org/Xtext/.

zu nennen. Eine DSL wird mithilfe der textuellen Syntax von Xtext definiert, der abstrakte Syntaxbaum wird daraus in Form eines Ecore-Modells abgeleitet. Die Sprache Xtend (s. Abschn. 2.4) wurde z. B. auch mithilfe dieses Frameworks entwickelt. Ein weiteres Beispiel ist die Language Workbench JetBrains MPS, mithilfe derer neben einer textuellen Syntax auch graphische, tabellarische und mathematische Notationen für DSLs definiert werden können (Voelter und Lisson 2014).

Low-Code-Programmierung und Domain-Driven Design haben gemeinsam, dass die Konzeption und der Entwurf von Software von der Anwendungsdomäne aus gedacht werden sollten, um die entwickelte Software bestmöglich auf ihren Einsatzzweck abzustimmen. Zusätzlich findet durch diesen Denkansatz eine Komplexitätsreduktion statt, da der Fokus auf die Modellierung des Anwendungsbereichs gelegt wird, statt eine eher allgemeingültige Umsetzung der Anforderungen zu erreichen.

Im Gegensatz zu Low-Code-Programmierung adressiert DDD jedoch ausschließlich professionelle Softwareentwickler: Während durch den Ansatz ein konzeptuelles Rahmenwerk vorgegeben wird, erfolgt die konkrete Umsetzung eines Softwareprojekts mit allgemein gebräuchlichen Entwicklungsumgebungen und Programmiersprachen. Die dafür notwendigen Kenntnisse und Fertigkeiten unterscheiden sich dabei kaum von denen, die für konventionelle Softwareentwicklung notwendig sind. Abhilfe kann die Verwendung von DSLs bringen, die zumindest den Domänenexperten erlaubt, in den Fachtermini, Konzepten und mentalen Mustern der Domäne zu denken und zu arbeiten, während geeignete Entwicklungswerkzeuge die Übersetzungsleistung in die konventionelle Softwarewelt erbringen.

2.6 Rapid Application Development

Rapid Application Development (RAD) ist eine Softwareentwicklungsmethode, bei der Geschwindigkeit und Effizienz im Vordergrund stehen. Sie soll den Entwicklungsprozess beschleunigen, indem vorgefertigte Softwarekomponenten verwendet werden, der Zeitaufwand für Konzeption und Design minimiert wird und visuelle Tools zur schnellen Erstellung von Anwendungen und Prototypen eingesetzt werden. Das Ziel von RAD ist es, Entwicklern die Möglichkeit zu geben, qualitativ hochwertige Software schnell zu liefern und auf sich ändernde Anforderungen in einer schnelllebigen Umgebung zu reagieren.

Ein wichtiger Bestandteil des RAD-Ansatzes ist Rapid Prototyping, d. h. die frühe Erstellung lauffähiger Vorversionen der Software, in denen nur ein Teil der Anforderungen umgesetzt ist. Außerdem legt der Ansatz den Schwerpunkt auf die Einbeziehung der Benutzer und die Wiederverwendung vorhandener Softwarekomponenten. RAD wird häufig für die Erstellung von Anwendungen verwendet, die eine kurze Time-to-Market benötigen, wie z. B. kleine Implementierungsprojekte oder Prototypen, sowie für die Entwicklung von Software in einem sich schnell ändernden Geschäftsumfeld.

RAD-Frameworks werden hauptsächlich für die Entwicklung von Web-Anwendungen verwendet, das Einsatzgebiet ist allerdings nicht grundsätzlich auf solche Anwendungen beschränkt. Das Framework Ruby on Rails, welches in der gleichnamigen Programmiersprache implementiert wurde, folgt den Prinzipien „Don't repeat yourself" und „Convention over Configuration", was dazu führt, dass Informationen (wie z. B. Objektnamen) nur genau einmal im System vorhanden sind und bei Bedarf an weiteren Stellen automatisch abgeleitet werden. Das Framework zeichnet sich zudem dadurch aus, dass die Verwendung einer Schichtenarchitektur nach dem Model-View-Controller-Entwurfsmuster für die zu entwickelnden Anwendungen vorgesehen ist.

Das CUBA-Framework ist ein weiteres Beispiel für ein Java-basiertes Open-Source-Framework zur schnellen Entwicklung von Web-Anwendungen. Zahlreiche Schnittstellen (wie z. B. REST, FTP sowie verschiedene Authentifikationsprotokolle) und Konnektoren zu relationalen Datenbankmanagementsystemen (RDBMS) werden angeboten. Die Full-Stack-Entwicklungsplattform JHipster nutzt für die Erstellung von Client–Server-Anwendungen Java im Backend- und JavaScript im Frontend-Bereich. Durch die Integration mit Deployment- und CI/CD-Werkzeugen werden weite Teile des gesamten Produktlebenszyklus abgedeckt.

RAD-Entwicklungsumgebungen bieten ähnlich wie Low-Code-Plattformen ihren Nutzern die Möglichkeit, Benutzeroberflächen primär dadurch zu entwerfen, dass die entsprechenden Interaktionselemente (Buttons, Textfelder, Auswahlboxen) per Drag-and-Drop auf der Oberfläche platziert und nicht programmatisch umgesetzt werden müssen. Eine Anpassung des Designs und eine Verknüpfung zum Backend wird über entsprechende Konfigurationsmenüs erreicht, sodass das Frontend einer Anwendung weitestgehend ohne zusätzlichen Quellcode realisiert werden kann.

Im Gegensatz zum Low-Code-Ansatz werden durch RAD professionelle Entwickler adressiert, da zwar die Benutzeroberfläche grafisch erstellt werden kann, die Geschäftslogik im Hintergrund jedoch in einer universellen Programmiersprache geschrieben werden muss. Der Fokus liegt hauptsächlich auf der Beschleunigung des Softwareentwicklungsprozesses und weniger auf der Einbindung von Fachexperten mit geringen Programmierkenntnissen. Auch ist das Rapid Prototyping, welches sich methodisch auf das Spiralmodell bezieht (Boehm 1988), ein integraler Bestandteil von RAD, wohingegen Low-Code-Programmierung per se kein bestimmtes Vorgehensmodell voraussetzt.

2.7   End-User Development

End-User Development (EUD) bezeichnet einen Softwareentwicklungsansatz, der es nicht-professionellen Softwareentwicklern, d. h. den beabsichtigten Nutzern der Anwendung, ermöglicht, Softwareanwendungen und -systeme ohne umfangreiche technische Fähigkeiten oder Kenntnisse zu entwickeln (Costabile et al. 2007). EUD ist eine Möglichkeit, die späteren Nutzer einer Softwareanwendung in die Lage zu versetzen, die von ihnen benötigten Anwendungen zu erstellen, anstatt auf die Hilfe professioneller Softwareentwickler angewiesen zu sein.

EUD basiert auf der Idee, dass die Nutzer einer Softwareanwendung ihre eigenen Anforderungen besser kennen als professionelle Entwickler und dass sie Anwendungen erstellen können, die besser auf ihre spezifischen Bedürfnisse und Arbeitsabläufe zugeschnitten sind. Der EUD-Ansatz setzt in der Regel voraus, dass den Nutzern eine Reihe von Tools und Technologien zur Verfügung gestellt werden, die für die Anwendungsentwicklung durch die späteren Anwender konzipiert sind und kein tiefgreifendes Verständnis für Programmierung voraussetzen.

Das Ziel von EUD ist es, die Softwareentwicklung zugänglicher und inklusiver zu machen, indem einem größeren Personenkreis die Möglichkeit gegeben wird, sich an der Erstellung von Softwareanwendungen zu beteiligen. Dies kann zu einer effizienteren und effektiveren Softwareentwicklung sowie zu einer höheren Benutzerzufriedenheit führen, da die Anwendungen direkt ausgehend von den Bedürfnissen der Nutzer erstellt werden.

Ein wichtiges Einsatzgebiet von End-User Development sind Tabellenkalkulationsprogramme verschiedener Anbieter. Bekannte kommerzielle Beispiele sind Microsoft Excel, Google Sheets, Lotus 1-2-3 sowie die freie Software Libre Office Calc. Bei Tabellenkalkulationsprogrammen werden numerische oder textuelle Daten in Zellen einer Tabelle gehalten, welche entweder direkt durch den Nutzer eingetragen oder aus den Werten anderer Zellen errechnet werden können. Die Daten können durch Formatierung der Zellen übersichtlich dargestellt und durch die Erzeugung von Diagrammen visuell aufbereitet werden. Der Vorteil ist insbesondere, dass die Nutzer die Effekte von Datenänderungen unmittelbar nachvollziehen können und somit verschiedene Fallbeispiele in einem recht kurzen Zeitraum durchgehen können.

Neben allgemein einsetzbarer Anwendungssoftware gibt es EUD-Werkzeuge für spezielle Branchen. LabVIEW ist eine Entwicklungsumgebung für die Programmierung mit graphischen Sprachen (insbesondere mit der Blockprogrammiersprache G). Sie wird hauptsächlich in den Bereichen Industrieautomatisierung, Gerätesteuerung und Datenaufzeichnung eingesetzt. Darüber hinaus gibt es noch viele ähnliche Entwicklungsumgebungen für Blockprogrammiersprachen wie MATLAB/Simulink oder LEGO Mindstorms NXT, wobei letztere auch zur spielerischen Vermittlung der Grundprinzipien der Roboter-Programmierung eingesetzt wird.

Ähnlich wie bei der Low-Code-Programmierung wird EUD-Software von der anvisierten Nutzergruppe entwickelt, nicht von professionellen Entwicklern. End-User Developer und Citizen Developer sind demnach miteinander vergleichbar. Dementsprechend ist es eine Voraussetzung beider Ansätze, dem Nutzungskontext angemessene, ohne weitreichende Programmierkenntnisse anwendbare Entwicklungsumgebungen einzusetzen.

Während Low-Code-Plattformen das Ziel verfolgen, verschiedene Anwendungen und die Entwicklungsumgebung selbst in einer gemeinsamen, über die Cloud bereitgestellten Laufzeitumgebung auszuführen, sind EUD-Anwendungen oft weniger stark miteinander integriert. Für verschiedene Anwendungsbereiche werden verschiedene Arten von Software verwendet, die isoliert voneinander genutzt werden können. Zudem steht nicht so sehr die Reduktion des zu schreibenden Quellcodes im Vordergrund, sondern mehr die Angemessenheit der Programmier- bzw. Modellierungssprache für die Nutzer.

2.8   No Code vs. Low Code vs. High Code

Um Low-Code-Programmierung und ähnliche Paradigmen von konventioneller Softwareentwicklung abzugrenzen, werden zur Kategorisierung der entsprechenden Plattformen häufig die Begriffe „No Code", „Low Code" und „High Code" verwendet. Grundsätzlich sind diese Begriffe nicht exakt definiert, zudem ist der Übergang zwischen ihnen fließend. Für die weiteren Kapitel dieses Buchs soll dennoch eine kurze Abgrenzung vorgenommen werden, um ein einheitliches Verständnis zu erzeugen:

- Die Erstellung von Anwendungssoftware ohne die Möglichkeit, zusätzlichen Quellcode einzubinden, wird im Folgenden als **No-Code-Entwicklung** bezeichnet. Dabei werden Nutzer in die Lage versetzt, vorgefertigte Bausteine miteinander zu kombinieren, sie zu konfigurieren und neu anzuordnen. Der Funktionsumfang solcher Anwendungen ist notwendigerweise recht beschränkt, als Einsatzgebiete sind vor allem das Erstellen erster Prototypen sowie Anwendungen zur Datenvisualisierung zu nennen.
- Im Vergleich dazu können bei der **Low-Code-Entwicklung** kurze Code-Fragmente eingefügt werden, z. B. zum Importieren oder Aktualisieren von Daten aus einer Datenquelle. Auch Änderungen am Design der Benutzeroberfläche (z. B. durch CSS-Dateien) oder die Implementierung zusätzlicher Funktionalität (mithilfe universeller Programmiersprachen) sind grundsätzlich möglich. Low-Code-Entwicklung eignet sich für die Entwicklung von Standard-Anwendungen im betrieblichen Umfeld (s. Kap. 6, 7, 8).
- Unter **High-Code-Entwicklung** wird Softwareentwicklung im herkömmlichen Sinne, d. h. mithilfe universeller Programmiersprachen wie z. B. Java, C, C++, C#, Python oder JavaScript verstanden. Diese Entwicklungsmethode ist für die Implementierung von Softwareanwendungen aller Art geeignet, erfordert jedoch fortgeschrittene Kenntnisse in der jeweiligen Programmiersprache. Zudem kann die Implementierung einfacher Anwendungen im Vergleich zu den ersten beiden Ansätzen langwieriger und ressourcenintensiver sein.

Basierend auf dem Vergleich mit ähnlichen Entwicklungslinien und der Abgrenzung von No-Code- und High-Code-Entwicklung lassen sich folgende wesentliche Merkmale der Low-Code-Entwicklung identifizieren: Zum einen wird das Ziel verfolgt, den Softwareentwicklungsprozesses durch Wiederverwendung vorgefertigter Komponenten zu beschleunigen. Dies wird unter anderem durch die Verwendung von grafischen Werkzeugen, insbesondere für den Entwurf der Benutzungsschnittstelle, erreicht. Zudem soll eine höhere Zugänglichkeit für Personen mit geringen Programmierkenntnissen erreicht werden. Wenn die Entwicklung einer Softwareanwendung durch die späteren Nutzer erfolgt, fördert dies auch die Passgenauigkeit der Software, denn sie kennen die Anforderungen an die Software am besten und können die entwickelte Software zudem auch am besten validieren.

Aus den Softwaremodellen wird im Hintergrund lauffähiger Quellcode generiert, der abhängig von der konkreten Plattform in unterschiedlichem Ausmaß erweitert werden kann. Dies stellt einen entscheidenden Unterschied zur No-Code-Entwicklung dar, bei der Softwareentwicklung ausschließlich auf Basis bereitgestellter Bausteine erfolgt. Sowohl die Entwicklungs- als auch die Ausführungsumgebung werden in der Regel durch den Anbieter der Low-Code-Plattform in der Cloud zur Verfügung gestellt. Insgesamt wird durch diesen Ansatz nicht der volle Funktionsumfang erreicht, der mithilfe konventioneller, universeller Programmiersprachen verfügbar ist. Dies ist jedoch für viele Geschäftsanwendungen unproblematisch, da die gewünschte Funktionalität mithilfe der durch die Low-Code-Plattform bereitgestellten Mittel abgedeckt werden kann. Hier überwiegen die Vorteile der verkürzten Entwicklungs- und Bereitstellungszeit von Anwendungen sowie die Möglichkeit, Fachexperten mit geringen Programmierkenntnissen in den Entwicklungsprozess mit einzubeziehen.

Literatur

Balzert H, Hofmann F, Kruschinski V, Niemann C (1996) The JANUS Application Development Environment—Generating More than the User Interface. In: CADUI 1996, S 183–208.

Boehm BW (1988) A Spiral Model of Software Development and Enhancement. Computer 21(5):61–72. https://doi.org/10.1109/2.59.

Costabile MF, Fogli D, Mussio P, Piccinno A (2007) Visual Interactive Systems for End-User Development: A Model-Based Design Methodology. IEEE Transactions on Systems, Man, and Cybernetics – Part A: Systems and Humans 37(6):1029–1046. https://doi.org/10.1109/TSMCA.2007.904776.

Evans E (2003) Domain-Driven Design. Tackling Complexity in the Heart of Software. Addison-Wesley.

Martin J (1982) Application Development without Programmers. Prentice Hall Englewood Cliffs, N.J.

Martin J (1985) Fourth-Generation Languages. Prentice Hall Englewood Cliffs, N.J.

Marzullo FP, de Souza JM, Blaschek JR (2008) A Domain-Driven Development Approach for Enterprise Applications, Using MDA, SOA and Web Services. In: CEC/EEE 2008, S 432–437. https://doi.org/10.1109/CECandEEE.

Stevens P (2010) Bidirectional Model Transformations in QVT: Semantic Issues and Open Questions. Softw. Syst. Model. 9(1):7–20. https://doi.org/10.1007/s10270-008-0109-9.

Voelter M, Lisson S (2014) Supporting Diverse Notations in MPS' Projectional Editor. In: GEMOC@MoDELS 2014, S 7–16.

Auswahl und Einführung einer Low-Code-Plattform

3

Alexander Nikolenko, Kai Leon Becker, Uwe Wohlhage, Benjamin Adrian und Sven Hinrichsen

Inhaltsverzeichnis

A. Nikolenko (✉) · K. L. Becker · U. Wohlhage · B. Adrian · S. Hinrichsen
Labor für Industrial Engineering, Technische Hochschule Ostwestfalen-Lippe (TH OWL), Lemgo, Deutschland
E-Mail: alexander.nikolenko@th-owl.de

K. L. Becker
E-Mail: kai.becker@th-owl.de

U. Wohlhage
E-Mail: Uwe.Wohlhage@sn-invent.de

B. Adrian
E-Mail: benjamin.adrian@th-owl.de

S. Hinrichsen
E-Mail: sven.hinrichsen@th-owl.de

© Der/die Autor(en), exklusiv lizenziert an Springer-Verlag GmbH, DE, ein Teil von Springer Nature 2023

S. Hinrichsen et al. (Hrsg.), *Prozesse in Industriebetrieben mittels Low-Code-Software digitalisieren,* Intelligente Technische Systeme – Lösungen aus dem Spitzencluster it's OWL, https://doi.org/10.1007/978-3-662-67950-0_3

Zusammenfassung

Die Auswahl und Einführung einer Low-Code-Plattform ist vor allem für mittelständische Unternehmen eine Herausforderung, da eine Vielzahl verschiedener Low-Code-Plattformen mit unterschiedlichen Funktionen und Anwendungsschwerpunkten angeboten wird. Für einen Betrieb als potenziellem Nutzer einer solchen Plattform besteht das Problem, aus diesem großen, unübersichtlichen Angebot eine Plattform auszuwählen, die den eigenen Anforderungen in hohem Maße gerecht wird. Im folgenden Kapitel wird daher ein Vorgehensmodell vorgestellt, das an die Bedürfnisse und Möglichkeiten von mittelständischen Unternehmen angepasst ist. Dieses Modell unterstützt Betriebe dabei, eine anforderungsgerechte Low-Code-Plattform zu finden und erfolgreich im Unternehmen einzuführen. Das Modell zeichnet sich dadurch aus, dass es aus sechs Phasen besteht, denen jeweils Handlungsempfehlungen, Hilfsmittel und Methoden zugeordnet sind.

3.1   Einleitung

In den letzten Jahren wurde der Funktionsumfang einzelner Low-Code-Plattformen deutlich weiterentwickelt. Zudem wurde eine Vielzahl neuer Plattformen am Markt platziert. Gleichzeitig ist die Nachfrage und damit der Markt für Low-Code-Plattformen stark gewachsen. Nach Angaben von Marktforschern werden inzwischen mehr als 200 verschiedene Low-Code-Plattformen angeboten. Diese unterscheiden sich hinsichtlich ihrer funktionalen Ausrichtung, ihres Anwendungsschwerpunktes und der ihr zugrunde liegenden Technologie (Al Alamin et al. 2021). In Anbetracht des sehr großen und unübersichtlichen Angebots an Low-Code-Plattformen auf dem Markt ist es insbesondere für mittelständische Unternehmen kaum möglich, die notwendigen Informationen über den Leistungsumfang der verschiedenen Plattformen eigenständig zu beschaffen und zu bewerten. Zudem mangelte es bislang an einer Methode, die den betrieblichen Auswahl- und Einführungsprozess einer solchen Plattform unterstützt. Die Wahl einer Low-Code-Plattform stellt dabei eine strategische Entscheidung dar, da sie langfristigen Charakter hat und nur mit großem Aufwand umkehrbar ist. Wenn mit einer Plattform in einem Betrieb erst einmal zahlreiche Anwendungen programmiert und implementiert wurden, ist die Hürde für einen Wechsel des Plattformanbieters recht groß. Der strategische Charakter der Entscheidung zur Auswahl einer Low-Code-Plattform kommt auch dadurch zum Ausdruck, dass Low-Code-Plattformen oftmals einen wichtigen Bestandteil der Digitalisierungsstrategie von Betrieben bilden.

Mithilfe eines strukturierten Vorgehens bei der Plattformauswahl und -einführung können nachträgliche Anpassungen im Vorfeld verhindert und zudem in vielen Fällen Folgekosten (z. B. Lizenz- und Schulungskosten) reduziert werden. Ein strukturiertes

Vorgehen bezieht sich auf die schrittweise Durchführung des Auswahl- und Einführungsprozesses. Dadurch wird eine möglichst objektive Beurteilung der am Markt angebotenen Low-Code-Plattformen sowie ein definiertes Vorgehen bei der Einführung einer Low-Code-Plattform sichergestellt. Genügend Zeit in die Auswahl und Einführung der richtigen Plattform zu investieren, wirkt sich daher langfristig positiv auf den betriebswirtschaftlichen Erfolg des Vorhabens aus.

3.2 Vorgehensmodell zur Auswahl und Einführung einer Low-Code-Plattform

Das im Folgenden vorgestellte Vorgehensmodell orientiert sich entsprechend Abb. 3.1 an den Phasen des REFA-Standardprogramms Arbeitssystemgestaltung und besteht – wie das REFA-Modell (REFA 2015) – ebenfalls aus sechs Phasen. Das Modell wurde bereits in einer Kurzfassung (Hinrichsen et al. 2023) veröffentlicht und wird nachfolgend ausführlich erläutert. Da die Aufgabe der Auswahl und Einführung einer Low-Code-Plattform für viele Betriebe von strategischer Relevanz ist und mit einer hohen Komplexität einhergeht, wird die Bearbeitung dieser Aufgabe als Projekt organisiert. Daher wird in der ersten Phase (s. Abschn. 3.3) des Modells zunächst die Ausgangssituation analysiert und der Projektrahmen definiert. Dieser beinhaltet eine kurze Darstellung der Ausgangssituation, eine Festlegung der Projektziele, eine Abgrenzung der Projektinhalte, eine Benennung des Kernteams und eine Erstellung des Meilensteinplans. Inhalt der zweiten Phase (s. Abschn. 3.4) ist zum einen die Identifikation und Beschreibung möglicher Anwendungsfälle für eine Digitalisierung oder Automatisierung mittels Low-Code-Programmierung. Zum anderen müssen die Anforderungen an die Low-Code-Plattform im Detail ermittelt und dokumentiert werden.

Wenn der Projektrahmen definiert ist, einzelne mittels Low-Code-Programmierung zu optimierende Prozesse bekannt und die Anforderungen an eine Low-Code-Plattform dokumentiert sind, beginnt in der dritten Phase (s. Abschn. 3.5) der eigentliche Auswahlprozess. In dieser Phase geht es darum, Kriterien für eine Vorauswahl festzulegen und mit ihrer Hilfe aus der Vielzahl der am Markt verfügbaren Low-Code-Plattformen eine kleine Anzahl an Plattformen zu identifizieren, die diese Kriterien in hohem Maße erfüllen. In der vierten Phase (s. Abschn. 3.6) erfolgt dann die endgültige Auswahl einer Low-Code-Plattform, indem die in der dritten Phase vorausgewählten Plattformen nach weiteren Kriterien beurteilt, im Detail miteinander verglichen und getestet werden. Die fünfte Phase (s. Abschn. 3.7) umfasst die Einführung der ausgewählten Low-Code-Plattform. Inhalt dieser Phase ist die Erstellung eines Organisations- und Qualifizierungskonzeptes, die Durchführung erster Leuchtturmprojekte und das Ausrollen des Konzeptes im Gesamtbetrieb. Schließlich wird in der sechsten Phase (s. Abschn. 3.8) die Low-Code-Plattform eingesetzt, das Projekt evaluiert und das organisatorisch-personelle Konzept weiterentwickelt.

Nr.		Phasen des Projektes
1.	🔍	Analyse der Ausgangsituation und Klären des Projektrahmens
2.	📊	Beschreiben von Anwendungsfällen und Ermitteln der Anforderungen
3.	📋	Vorauswahl der Low-Code-Plattformen
4.	🖐	Finale Auswahl der Low-Code-Plattform
5.	⚙	Einführen der Low-Code-Plattform
6.	🏆	Einsetzen der Low-Code-Plattform und Evaluieren des Projektes

Abb. 3.1 Vorgehensmodell zur Auswahl und Einführung einer Low-Code-Plattform (Hinrichsen et al. 2023)

3.3   Phase 1: Analyse der Ausgangssituation und Klären des Projektrahmens

In der ersten Phase des Vorgehensmodells wird der Projektrahmen in Form eines „Project Charter" definiert (Toutenburg und Knöfel 2009, S. 59 ff.). Dieser Rahmen besteht gemäß Abb. 3.2 aus sechs Elementen, die nachfolgend beschrieben werden.

1.1 Darstellung der Ausgangssituation: Das erste Element des Projektrahmens beinhaltet eine kurze Darstellung der Ausgangssituation, indem beispielsweise auf die Digitalisierungsstrategie des Unternehmens eingegangen wird, grundlegende Defizite in der Digitalisierung von Geschäftsprozessen dargestellt oder besondere betriebliche Herausforderungen (Kostensituation, Kundenanforderungen etc.) thematisiert werden. Die Erwähnung erster möglicher Anwendungsfälle für eine Digitalisierung mittels Low-Code-Programmierung kann ebenfalls helfen, bestehende Probleme exemplarisch zu veranschaulichen.

1.2 Festlegung der Projektziele: In einem zweiten Schritt gilt es, die Projektziele zu definieren. Generelles Ziel ist es, eine den betrieblichen Anforderungen entsprechende Low-Code-Plattform auszuwählen und diese erfolgreich zu implementieren. Dieses allgemeine Ziel kann spezifiziert werden, indem zum Beispiel die Anzahl der Prozesse festgelegt wird, die innerhalb eines bestimmten Zeitraumes mittels der Low-Code-Programmierung optimiert werden sollen. Auch ist es vorstellbar, dass zu einzelnen Prozessen Ziele formuliert werden (z. B. Verbesserung der Zufriedenheit einer bestimmten Kundengruppe, Reduzierung des administrativen Aufwands bei der Beantragung von

Abb. 3.2 Phase 1 des Vorgehensmodells im Überblick

Investitionen, Verringerung des Papierverbrauchs in der Logistik über Prozessdigitalisierungen).

1.3 Abgrenzung des Projektes: Das dritte Element des Projektrahmens zielt darauf ab, Inhalte zu benennen, die zwingend Gegenstand des Projektes sein sollen („In Scope"). Gleichzeitig ist explizit festzulegen, welche Inhalte nicht im Projekt bearbeitet werden sollen („Out of Scope"). Diese Abgrenzung dient dazu, die Komplexität der Projektaufgabe zu reduzieren und langwierige Diskussionen zu Inhalten des Projektes in den weiteren Projektphasen zu vermeiden. Zudem ermöglicht diese Abgrenzung den Teammitgliedern, sich auf ihre Kernaufgaben zu konzentrieren. Beispielsweise ist bei größeren Unternehmen, die aufbauorganisatorisch in unterschiedliche Geschäftsbereiche untergliedert sind und die weltweit über mehrere Standorte verfügen, zu klären, ob die Plattformauswahl für das Gesamtunternehmen, für einen Geschäftsbereich oder lediglich einen einzelnen Standort vorzunehmen ist. Ebenfalls kann ein Unternehmen zu der Entscheidung gelangen, dass eine Low-Code-Plattform für einen einzelnen Funktionsbereich, z. B. die Produktion, auszuwählen ist. Entsprechend würden in einem solchen Fall alle anderen Funktionsbereiche in der Kategorie „Out of Scope" aufgeführt werden.

1.4 Projektbudget/ -ressourcen: Da in Projekten nur begrenzte Ressourcen zur Verfügung stehen, ist eine Ressourcenplanung erforderlich. Unter Ressourcen werden Einsatzmittel für Personal und Sachmittel verstanden. Die personellen Ressourcen sind die Beschäftigten, die benötigt werden, um das Projekt erfolgreich umzusetzen (Drews und Hillebrand 2007, S. 118 ff.). Zu den Sachmitteln zählen beispielsweise Ausgaben für Lizenzen oder Rechner. Um die Administration des Systems langfristig sicherzustellen, ist es notwendig, auch nach Beendigung des Projektes hierfür entsprechende Ressourcen einzuplanen.

1.5 Bestimmung des Projektteams: Das fünfte Element des Projektrahmens beinhaltet die Festlegung des Projektteams. Dabei kann zwischen einem Kernteam und einem erweiterten Projektteam unterschieden werden. Das Kernteam für die Auswahl und Implementierung der Plattform besteht aus einem kleinen Kreis von Führungskräften, Fachanwendern und IT-Mitarbeitern. Dieses Kernteam ist in einzelnen Projektphasen um weitere Projektmitarbeiter zu ergänzen, die temporär im Projekt mitwirken. Beispielsweise ist bei der Einholung von Angeboten zu einzelnen Plattformen der Einkauf einzubeziehen. Ebenfalls kann es hilfreich sein, bei speziellen Fragen zum Funktionsumfang einzelner Plattformen weitere IT-Experten zeitweise in das Projektteam aufzunehmen. Um Transparenz für alle Beteiligten zu schaffen, sollte eine Liste mit Projektteammitgliedern und ihrer jeweiligen Rolle im Projekt erstellt und bei Bedarf im Projektverlauf angepasst werden.

1.6 Erstellung eines Meilensteinplans: Der Meilensteinplan bildet das sechste Element des Projektrahmens. Bei der Erstellung des Plans bietet es sich an, Meilensteine jeweils zu den sechs Phasen des vorgestellten Auswahl- und Einführungsprozesses zu definieren (s. Abb. 3.1), indem zu jeder Phase ein Fertigstellungstermin festgelegt wird. Die Abnahme einzelner Meilensteine kann durch den Auftraggeber des Projektes, durch das Management oder einen zu bildenden Projektsteuerkreis erfolgen.

Als Ergebnis der ersten Phase des Vorgehensmodells liegt ein gemeinsames Verständnis zu Ausgangssituation, Projektzielen, Projektinhalten, Verantwortlichkeiten und Projektmeilensteinen vor. Außerdem ist bekannt, welche Ressourcen für das Projekt zur Verfügung stehen. Das Formular eines „Project Charter" kann als Hilfsmittel für diese erste Phase genutzt werden.

3.4 Phase 2: Beschreiben von Anwendungsfällen und Ermitteln der Anforderungen

Die zweite Phase des Vorgehensmodells besteht entsprechend Abb. 3.3 aus drei Schritten. In Schritt 2.1 werden mögliche Anwendungsfälle identifiziert. Diese werden im nachfolgenden Schritt 2.2 systematisch beschrieben. Aus den skizzierten Anwendungsfällen sowie über einen Expertenworkshop werden in Schritt 2.3 Anforderungen an die Auswahl der Low-Code-Plattform definiert. Eine Beschreibung von Anwendungsfällen kann helfen, im besten Fall eine einzige Plattform auszuwählen, mit der alle gewünschten Anwendungsfälle umgesetzt werden können. Generell gilt, dass die Anzahl der in einem Betrieb einzusetzenden Low-Code-Plattformen so gering wie möglich zu halten ist, um Lizenzkosten, Schulungskosten und Aufwendungen für die Integration der unterschiedlichen Plattformen in die bestehende Softwarelandschaft gering zu halten (Rymer und Koplowitz 2019, S. 13).

2.1 Ermitteln von möglichen Anwendungsfällen: Die Ermittlung von möglichen Anwendungsfällen kann über Interviews oder Workshops in einzelnen Funktionsbereichen des Betriebes erfolgen. Dabei können folgende Leitfragen herangezogen werden:

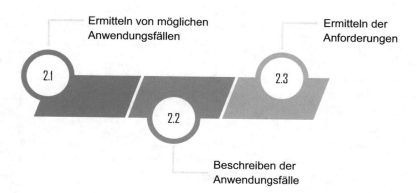

Abb. 3.3 Phase 2 des Vorgehensmodells im Überblick

- Welche Geschäftsprozesse im betrachteten Bereich beinhalten aus Sicht der am Prozess beteiligten Beschäftigten Verschwendungen (z. B. Wartezeiten, Doppelarbeiten, Fehler)?
- Liegen im betrachteten Bereich Geschäftsprozesse vor, die aus Sicht der Beschäftigten administrativ sehr umständlich sind (z. B. Weiterleiten von Dokumenten per E-Mail im Rahmen eines Prüf- oder Genehmigungsverfahrens)?
- Gibt es Geschäftsprozesse, die ganz oder teilweise papierbasiert ausgeführt werden?
- Wird im betrachteten Bereich eine Standardsoftware verwendet, die nicht auf die Nutzeranforderungen abgestimmt ist und damit zu nicht-wertschöpfenden Zusatztätigkeiten oder Verschwendungen führt? Worin bestehenden diese Verschwendungen?
- Bei welchen Geschäftsprozessen kommt es zu Medienbrüchen (z. B. tägliches Kopieren von Daten aus ERP-System in Excel zum Zwecke des Erstellens eines Reports)?

Nach einer Sammlung von möglichen Anwendungsfällen ist für jeden Anwendungsfall eine erste Experteneinschätzung vorzunehmen, ob die identifizierten Prozesse über eine Low-Code-Programmierung optimiert werden können.

2.2 Beschreiben der Anwendungsfälle: Um die identifizierten Anwendungsfälle zu beschreiben, können weitere Interviews durchgeführt werden. Zudem kann es hilfreich sein, Arbeitsablaufstudien vorzunehmen. Dabei handelt es sich um eine Methode, bei der ein von einem oder mehreren Arbeitspersonen ausgeführter, sich zumeist wiederholender Arbeitsablauf beobachtet wird, um einzelne Arbeitsablaufabschnitte zu ermitteln, zu dokumentieren und Verbesserungspotenziale zu identifizieren (REFA 2015). Eine weitere Möglichkeit besteht darin, den Anwendungsfall bzw. den zu optimierenden Prozess mithilfe der SIPOC-Methode darzustellen, damit alle Beteiligten ein gemeinsames Verständnis von dem Prozess und den bestehenden Problemen entwickeln.

Die SIPOC-Methode wird in der Define-Phase von Six Sigma-Projekten verwendet. SIPOC ist eine Abkürzung und steht für Supplier, Input, Process, Output und Customer. Mittels der Methode wird der zu betrachtende Prozess auf einer Makroeben dargestellt, d. h. nur die wichtigsten Schritte eines Prozesses werden aufgeführt (typischerweise fünf bis acht Schritte). Zu den einzelnen Prozessschritten werden die Eingaben (Input) und Ergebnisse (Output) dokumentiert. Ebenfalls wird zu jedem Prozessschritt aufgeführt, von welchem Lieferanten (Supplier) die Eingaben stammen und wer die Ergebnisse des Prozessschrittes erhält (Customer). Die Methode trägt dazu bei, dass sich ein einheitliches Verständnis von dem zu optimierenden Prozess im Projektteam herausbildet (Toutenburg und Knöfel 2009).

2.3 Ermittlung der Anforderungen: Ausgehend von den beschriebenen Anwendungsfällen sind Anforderungen an die Low-Code-Plattform im Detail zu ermitteln, im Rahmen eines Expertenworkshops zu ergänzen und zu finalisieren sowie in einem Pflichtenheft zu dokumentieren. Es ist ratsam, die Anforderungen in die Kategorien funktionale und nicht-funktionale Anforderungen zu unterteilen. Funktionale Anforderungen sind die grundlegenden Funktionen, Ablaufbeschreibungen oder Szenarien, die ein Produkt erfüllen soll (Grande 2014, S. 37). Beispielsweise kann eine funktionale Anforderung sein, dass der Beschäftigte über eine Applikation auf die Datenbank der Ausschussteile zugreifen soll, um Qualitätsprobleme zu analysieren. Diese Anforderungen werden vom Management gestellt und beschreiben den Nutzen und die Ziele, die mit der Einführung der Low-Code-Plattform verbunden sind (Ebert 2019, S. 29 ff.). Die nicht-funktionalen Anforderungen können sich beispielsweise auf die Zuverlässigkeit, Sicherheit, Nutzbarkeit oder auch die Geschwindigkeit beziehen. Bei der Herleitung dieser Anforderungen sollte die interne IT-Abteilung maßgeblich beteiligt sein. Weitere nicht-funktionale Anforderungen beinhalten Anforderungen an Organisation, Kultur und Standards. Diese können die übrigen Anforderungen etwa durch Gesetze einschränken (Ebert 2019, S. 33 f.). Beispielsweise kann die Speicherung von personenbezogenen Daten auf ausländischen Servern untersagt sein, sodass dieses Kriterium bei der Auswahl der Low-Code-Plattform zu berücksichtigen ist.

Im Ergebnis der zweiten Phase des Vorgehensmodells liegen mögliche Anwendungsfälle für eine Digitalisierung mit einer Low-Code-Plattform vor. Darüber hinaus wurden Anforderungen an die Auswahl der Low-Code-Plattform formuliert.

3.5   Phase 3: Vorauswahl der Low-Code-Plattform

Der Markt für Low-Code-Plattformen umfasst mehr als 200 Anbieter (Al Alamin et al. 2021). Dabei haben einzelne Anbieter auch mehrere Plattformen in ihrem Angebotsport-folio. Für Betriebe ist es schwierig, den Überblick zu behalten und die vielen Lösungen miteinander zu vergleichen, zumal die meisten Plattformen in einem dynamischen Prozess von den jeweiligen Softwareanbietern weiterentwickelt werden. Ziel der dritten Phase ist es daher, aus der Gesamtheit der angebotenen Produkte etwa drei bis acht Low-Code-Plattformen herauszufiltern. Um dieses Ziel zu erreichen, werden in dieser dritten Phase des Vorgehensmodells entsprechend Abb. 3.4 drei Schritte durchlaufen.

3.1 Festlegen der im Selektionsprozess zu berücksichtigenden Plattformen: Bratincevic und Rymer (2020) empfehlen, nach Möglichkeit Low-Code-Plattformen von marktfüh-renden Anbietern zu nutzen. Sie begründen diesen Hinweis damit, dass marktführende Anbieter in der Regel über langjährige Erfahrungen verfügen. Ein großes Kundenportfolio deutet zudem auf die Zuverlässigkeit eines Anbieters und die Attraktivität seines Angebo-tes hin (Bratincevic und Rymer 2020). Dementsprechend kann der Verbreitungsgrad einer Low-Code-Plattform als erstes Selektionskriterium herangezogen werden. Marktanalysen mit Einschätzungen zum Marktanteil einzelner Anbieter werden von den Marktfor-schungsunternehmen Forrester Research und Gartner bereitgestellt. Die von Forrester Research in unregelmäßigen Abständen herausgegebene Reihe „The Forrester Wave" ist ein Leitfaden für Einkäufer. Darin werden Low-Code-Anbieter zur besseren Marktüber-sicht in vier nachfolgend aufgeführte Marktsegmente unterteilt und anhand definierter Kriterien bewertet (Koplowitz und Rymer 2019b, S. 14).

- Plattformen für Entwickler aus Fachabteilungen
- Plattformen für professionelle Anwendungsentwickler
- Plattformen zur Prozessautomatisierung für breite Implementierungen
- Plattformen zur Prozessautomatisierung für tiefgehende Implementierung

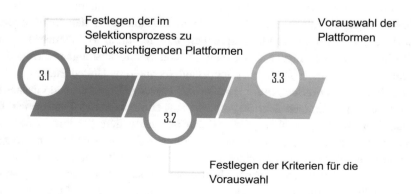

Abb. 3.4 Phase 3 des Vorgehensmodells im Überblick

Low-Code-Plattformen für Entwickler aus Fachabteilungen umfassen Plattformen, die es sogenannten Citizen Developern (s. Kap. 1) ermöglichen sollen, Anwendungen mit vollem Funktionsumfang zu erstellen. Hierfür werden Entwicklungswerkzeuge verwendet, die eher für „Fachbereichsexperten" und weniger für professionelle Entwickler konzipiert sind (Koplowitz und Rymer 2019a, S. 2). Low-Code-Plattformen für professionelle Anwendungsentwickler hingegen umfassen sämtliche Plattformen, die sowohl daten- als auch prozessorientierte Anwendungsfälle umsetzen können und es professionellen Entwicklern ermöglichen, Software effizient zu erstellen. Die Einsatzmöglichkeiten sind vielfältig und reichen von einfachen Tabellenkalkulationen bis hin zu Anwendungen für die Verwaltung kritischer Geschäftsfunktionen und von der einfachen Workflow-Digitalisierung bis hin zur Abbildung komplexer Workflows (Bratincevic und Koplowitz 2021, S. 1). Die Plattformen zur Prozessautomatisierung für eine „breite Implementierung" richten sich sowohl an professionelle Entwickler als auch an Citizen Developer. Sie sollen es den Nutzern ermöglichen, Anwendungen zu erstellen, die vor allem einfache bis mäßig komplexe Prozesse abbilden. Zielgruppe von Plattformen zur Prozessautomatisierung für die „tiefgehende Implementierung" sind hingegen professionelle Entwickler. Mit diesen Plattformen lassen sich Anwendungen zur Abbildung komplexer Prozesse erstellen (Koplowitz et al. 2020, S. 5). Die in diese vier Segmente eingeteilten Low-Code-Plattformen werden von Forrester Research ausgehend von ihrem aktuellen Angebot und dem Reifegrad ihrer Strategie in vier Kategorien eingestuft: Herausforderer („Challengers"), Mitbewerber („Contenders"), starke Anbieter („Strong Performers") und Marktführer („Leaders") (Bratincevic und Koplowitz 2021).

Die Analysten von Gartner veröffentlichen in unregelmäßigen Abständen den „Magic Quadrant for Enterprise Low-Code Application Platforms" und unterteilen Low-Code-Plattformen in Nischenanbieter („Niche Players"), Visionäre („Visionaries"), Herausforderer („Challengers") und Marktführer („Leaders"). Für die Aufnahme in den Gartner Magic Quadrant muss eine Plattform mehrere Kriterien erfüllen, z. B. verschiedene Branchen durchdringen, internationalen Support bieten und ein Mindestmaß an Funktionalität bereitstellen (Vincent 2020, S. 23 f.).

Da Forrester Research und Gartner nur Plattformen mit internationaler Marktpräsenz berücksichtigen, ist zu empfehlen, zusätzlich Anbieter in den Selektionsprozess einzubeziehen, die aus Deutschland stammen und in ihrem Heimatmarkt über eine gute Marktpräsenz, eine eigene „Community" und Serviceleistungen verfügen (z. B. JobRouter, ISIS Papyrus, SIB Visions, Scopeland Technology, United Planet).

3.2 Festlegen der Kriterien für die Vorauswahl: Forrester Research und Gartner führen in ihren Analysen zusammen über 50 Anbieter auf. Hinzu kommen Plattformen, die auf dem deutschen Markt als etabliert gelten. Daher ist eine weitere Selektion vorzunehmen. Es empfiehlt sich daher in Bezug auf die von Forrester Research und Gartner aufgeführten Anbieter nur solche zu berücksichtigen, die von Forrester Research als „Leaders" oder „Strong Performers" bzw. von Gartner als „Leaders" oder „Challengers" eingestuft werden. Darüber hinaus sind unter Berücksichtigung der in Phase 2 des Modells ermittelten

Anforderungen weitere Selektionskriterien für die Vorauswahl zu formulieren. Eine Liste mit möglichen (Vor-) Selektionskriterien befindet sich in Abschn. 3.6 dieses Kapitels (s. Schritt 4.1 des Vorgehensmodells). Zudem kann die von Forrester Research vorgenommene Segmentierung der Anbieter in vier Kategorien Anhaltspunkte für eine Vorselektion liefern (s. Schritt 3.1).

3.3 Vorauswahl der Plattformen: Als Ergebnis der dritten Phase liegt eine Liste mit bis zu acht Low-Code-Plattformen vor, die sich in der engeren Auswahl befinden. Als Hilfsmittel können die Methoden des paarweisen Vergleichs und der Nutzwertanalyse angewendet werden (s. Infokasten).

Paarweiser Vergleich: Als Hilfsmittel zur Selektion und Gewichtung von Kriterien oder Projekten kann eine Matrix für einen paarweisen Vergleich verwendet werden (Drews und Hillebrand 2007, S. 129 ff.). Mit einem paarweisen Vergleich werden festgelegte Bewertungskriterien in eine Rangfolge gebracht. Alle Kriterien werden paarweise miteinander verglichen und bewertet (gleich wichtig/wichtiger/weniger wichtig). Die Kriterien mit der höchsten Endpunktzahl werden als wichtig eingestuft. Die Rangskala kann im Nachgang als Gewichtungsgrundlage für eine Nutzwertanalyse verwendet werden (s. Tab. 3.1).

Nutzwertanalyse: Vor allem im Rahmen von Projekten wird die Methode der Nutzwertanalyse angewendet, um eine Entscheidung zwischen verschiedenen Lösungsalternativen treffen zu können. Bei der Nutzwertanalyse handelt es sich um eine

Tab. 3.1 Beispiel für eine Anwendung der Methode des paarweisen Vergleichs

		1	2	3	4	5	6	7	8	9	10	Summe
1	Open Source	✕	0	0	0	0	0	2	2	0	0	4
2	Standort der Geschäftsstelle	2	✕	2	1	0	1	2	1	2	0	11
3	Applikationstyp	2	0	✕	2	0	0	1	1	1	0	7
4	Online/ Offline	2	1	0	✕	0	0	2	1	1	0	7
5	Standort der Server	2	2	2	2	✕	2	2	2	2	2	18
6	Cloudbasierend	2	1	2	2	0	✕	2	2	1	0	12
7	Entwicklungsumgebung	0	0	1	0	0	0	✕	2	1	0	4
8	Zugang zum Quellcode	0	1	1	1	0	0	0	✕	2	0	5
9	Programmiersprache	2	0	1	1	0	1	1	0	✕	0	6
10	Datensicherheit	2	2	2	2	0	2	2	2	2	✕	16
Zeile wichtiger als Spalte = 2; Zeile gleich wichtig wie Spalte = 1; Zeile unwichtiger als Spalte = 0												

Bewertungsmethode, in der sowohl messbare als auch nicht messbare Kriterien berücksichtigt werden können. Die Gewichtung einzelner Kriterien kann auf Basis eines paarweisen Vergleichs festgelegt werden (s. o.). Je wichtiger ein Kriterium ist, desto stärker fließt es in die Bewertung des Nutzens einzelner Alternativen ein (Drews und Hillebrand 2007, S. 118 ff.). Für die Durchführung der Nutzwertanalyse werden die betrachteten Lösungsalternativen in Spalten und die Bewertungskriterien mitsamt ihrer Gewichtung in Zeilen aufgeführt (s. Tab. 3.2). Anschließend wird für jede der Alternativen anhand eines festgelegten Bewertungsmaßstabs (Vergabe von Punkten) überprüft, in welchem Maße diese die einzelnen Kriterien erfüllt. Die Multiplikation des Gewichtungsfaktors mit der Punktzahl (Bewertung) führt zum Bewertungsergebnis zu einem Kriterium. Anschließend werden die Bewertungsergebnisse zu allen Kriterien summiert, sodass sich für jede Lösungsalternative eine Gesamtpunktzahl ergibt. Die Lösungsalternative mit der höchsten Gesamtpunktzahl stellt die zu empfehlende Alternative dar. Entsprechend des in Tab. 3.2 aufgeführten Beispiels ist die Low-Code-Plattform 1 die zu empfehlende Plattform.

Tab. 3.2 Beispiel einer Nutzwertanalyse

Kriterien	Gewich-tung	Plattform 1		Plattform 2		Plattform 3	
		Bewertung	Ergebnis	Bewertung	Ergebnis	Bewertung	Ergebnis
Standort der Server	5	5	25	2	10	4	20
Datensicherheit	5	4	20	3	15	2	10
Cloudbasierend	4	5	20	4	16	2	8
Standort der Geschäftsstelle	4	5	20	2	8	2	8
Applikationstyp	2	2	4	5	10	4	8
Online/ Offline	2	4	8	5	10	3	6
Programmiersparche	2	3	6	5	10	5	10
Zugang zum Quellcode	1	4	4	3	3	5	5
Entwicklungsumgebung	1	3	3	4	4	4	4
Open Sources	1	0	0	0	0	5	5
			110		86		84

3.6   Phase 4: Finale Auswahl der Low-Code-Plattform

Die vierte Phase des Vorgehensmodells zielt darauf ab, auf Basis der vorausgewählten Plattformen eine finale Auswahl einer Plattform vorzunehmen. Die Phase besteht entsprechend Abb. 3.5 aus drei Schritten. In Schritt 4.1 werden Kriterien für eine finale Auswahl festgelegt. Schritt 4.2 beinhaltet die Einholung von Angeboten und die Durchführung von Tests. Auf Basis der vorgenommenen Bewertung und der eingeholten Angebote wird in Schritt 4.3 eine Plattform final ausgewählt.

4.1 Festlegen der Kriterien für die finale Auswahl: Im Mittelpunkt der vierten Phase bzw. der finalen Auswahl einer Low-Code-Plattform steht die Erstellung bzw. Nutzung eines Anforderungskatalogs. Dieser soll sicherstellen, dass die in der dritten Phase vorausgewählten Low-Code-Plattformen hinsichtlich aller relevanten Kriterien geprüft und bewertet werden. In einem ersten Schritt liegt der Fokus auf der Sammlung aller relevanten Kriterien bzw. Anforderungen. Die in der zweiten Phase gesammelten Anforderungen können die Grundlage dafür bilden, indem sie in konkrete Auswahlkriterien umformuliert werden.

Bei der Auswahl einer Plattform sind nicht nur die technischen Funktionen einer Plattform relevant, sondern auch weitere Merkmale des Plattformanbieters, zum Beispiel Serviceleistungen. Eine Auswahl von Kriterien, die auch im Rahmen einzelner Betriebsprojekte (siehe zum Beispiel Kap. 6) ermittelt wurden, ist nachfolgend aufgeführt.

- *OpenSource:* Ist der Quellcode der Plattform offen zugänglich, sodass die Nutzer die Möglichkeit haben, den Quellcode der Software nach ihren Bedürfnissen zu nutzen, anzupassen oder zu verbreiten?
- *Applikationstypen:* Welche Anwendungstypen (Mobil, Browser, Desktop) können entwickelt werden?
- *Programmiersprache für Erweiterungen:* Mit welcher Programmiersprache kann die Low-Code-Plattform bei Bedarf erweitert werden?

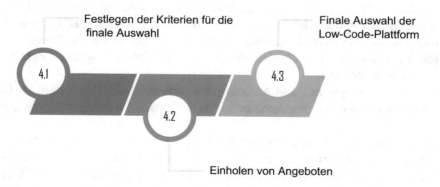

Abb. 3.5 Phase 4 des Vorgehensmodells im Überblick

- *Versionsverwaltung:* Verfügt die Low-Code-Plattform über eine eigene Versionsverwaltung?
- *Vorlagen:* Bietet die Plattform die Nutzung von vorgefertigten Dashboards, Diagrammen und/oder Formularen an?
- *Kollaborationsmöglichkeiten:* Können mehrere Entwickler gleichzeitig an derselben Anwendung arbeiten?
- *Integrationsmöglichkeiten:* Welche Protokolle/Schnittstellen werden von der Plattform unterstützt? Welche Schnittstellen kann eine Anwendung nutzen, um mit anderen IT-Systemen Daten auszutauschen?
- *Veränderbarkeit des Quellcodes:* Ist es möglich, den Quellcode einer Anwendung zu verändern?
- *Modellierungssprache:* Können standardisierte Modellierungssprachen, wie UML oder BPMN, verwendet werden? Wenn ja, welche?
- *Bereitstellungsoptionen:* Welche Bereitstellungsoptionen bietet die Plattform? Die einzelnen Softwarehersteller bieten unterschiedliche Bereitstellungsoptionen, z. B. On-Premises, SaaS oder Cloud-ERP.
- *Einsatz auf lokalen Infrastrukturen:* Ist der Einsatz auf der lokalen Infrastruktur möglich? In diesem Fall wird der Unternehmensserver auf der unternehmenseigenen Infrastruktur gehostet.
- *Standort der Cloudserver:* In welchem Land stehen die Cloudserver? Je nach Anbieter variieren auch die Standorte der Cloud-Server, auf denen Anwendungen gehostet werden. Für deutsche Unternehmen kann eine Anforderung darin bestehen, dass sich der Server in der Europäischen Union oder sogar in Deutschland befindet.
- *Sitz des Unternehmens:* In welchem Land ist der Anbieter ansässig? Je nach Branche oder Art der zu verarbeitenden Daten kann die Auswahl der Unternehmen auf solche eingegrenzt werden, die z. B. in Europa ansässig sind bzw. eine Niederlassung haben.
- *Kundensupport:* Wie erfolgt der Support? Auch der Kundensupport ist von Anbieter zu Anbieter unterschiedlich. Einige bieten kostenlosen Support an, andere verlangen dafür Gebühren oder begrenzen den Support auf ein festes Stundenkontingent pro Monat.
- *Schulungen:* Welche Schulungsmöglichkeiten bietet der Anbieter an? Sind diese kostenlos oder kostenpflichtig? Je nach Komplexität einer Plattform benötigen die Nutzer möglicherweise eine Schulung, bevor sie die Plattform nutzen können. Einige Anbieter bieten zum Beispiel kostenlose Schulungen oder Materialien an, während andere dafür eine Gebühr verlangen.
- *Erfahrungen:* Liegen mit dem Anbieter der Plattform bereits Erfahrungen im Unternehmen vor? Wird von dem Anbieter bereits ein anderes Softwareprodukt genutzt?

In der Literatur wird für einen detaillierten Vergleich häufig eine tabellarische Darstellung genutzt. So vergleichen verschiedene Autoren Merkmale der Low-Code-Plattformen und stellen die Verfügbarkeit von Features in tabellarischer Form dar (Born 2019, S. 84; Ihirwe et al. 2020, S. 7; Farshidi und Jansen 2021; Sahay et al. 2020, S. 177). Anhand solcher Tabellen können die Entscheidungsträger im Betrieb passende Plattformen (vor-) auswählen. So lässt sich z. B. auf einen Blick erkennen, ob die mit der Low-Code-Plattform erstellte Software auf der gewünschten Cloud-Umgebung betrieben werden kann und welche der Plattformen eine der im Unternehmen verwendeten Programmiersprachen für Erweiterungen unterstützt. Außerdem muss eruiert werden, ob die gegebenen Schnittstellen mit der ausgewählten Low-Code-Plattform interagieren können.

4.2 Einholen von Angeboten bei einzelnen Plattformanbietern und Testen von Plattformen: Zu den in der engeren Auswahl befindlichen Plattformen sind Angebote mit Preisen und Konditionen einzuholen und die Plattformen zu testen. Die meisten Anbieter stellen kostenlose Testversionen zu ihrer Low-Code-Plattform bereit. So kann der benötigte Funktionsumfang überprüft und ermittelt werden, welche Plattform sich am intuitivsten bedienen lässt. Bei den Anbietern von Low-Code-Plattformen erweisen sich die Preismodelle mitunter als komplex. Dadurch wird ein Vergleich der Angebote erschwert. Ursache hierfür sind unterschiedliche Abrechnungsmodalitäten, nicht unmittelbar nachvollziehbare Preisstrukturen und Preismodelle mit Abstufungen nach Nutzerzahlen. Einige Anbieter rechnen für jeden einzelnen Nutzer ab, andere für die Anzahl der genutzten Anwendungen und wieder andere berechnen zusätzliche Gebühren für den Ort, an dem die Daten gespeichert werden. Auch Zusatzfunktionen können bei einzelnen Anbietern kostenpflichtig freigeschaltet werden. In manchen Fällen ist auch eine direkte Anfrage notwendig, da einige Anbieter nur individuelle Angebote unterbreiten. Ein potenzieller Nutzer von Low-Code-Plattformen sollte sich daher im Vorfeld Gedanken über Anwendungsfälle und Nutzerzahlen im eigenen Betrieb machen, um Preise bei Anbietern einholen zu können.

4.3 Finale Auswahl der Low-Code-Plattform: Nachdem die Preise in den Vergleich eingeflossen sind und die Plattformen getestet wurden, sollte es möglich sein, eine Low-Code-Plattform final auszuwählen. Stehen nach dem Preisvergleich und dem Test der Plattformen immer noch mehrere Plattformen in der engeren Auswahl, kann es ratsam sein, aus den verbleibenden Plattformen den marktführenden Anbieter auszuwählen. Handelt es sich bei einem der verbleibenden Anbieter um einen auf den deutschsprachigen Raum spezialisierten Anbieter, kann es ebenso sinnvoll sein, diesen auszuwählen, um die Vorteile einer regionalen Präsenz und eines möglichen Vor-Ort-Services zu nutzen.

3.7 Phase 5: Einführen der Low-Code-Plattform

Die fünfte Phase umfasst die Einführung der ausgewählten Low-Code-Plattform (s. Abb. 3.6). Durch die Auswahl und technische Umsetzung einer Low-Code-Plattform ist nicht sichergestellt, dass die Mitarbeiter die Technologie annehmen und von den Vorteilen profitieren. Für eine vollständige Einführung ist es notwendig, Nutzer und Management zu schulen und ein Organisationskonzept zu gestalten, um einen reibungslosen Übergang zur neuen Technologie zu gewährleisten. Entsprechend wird in Schritt 5.1 ein Organisations- und Qualifizierungskonzept erarbeitet. In Schritt 5.2 erfolgt die Umsetzung des Konzeptes

Gestalten eines Organisations- und Qualifizierungskonzeptes

Ausrollen des Konzeptes

5.1

5.3

5.2

Umsetzen des Konzeptes und Durchführen erster Leuchtturm- projekte

Abb. 3.6 Phase 5 des Vorgehensmodells im Überblick

und die Einführung der Low-Code-Software in Pilotbereichen, indem erste Anwendungs- fälle in Form von sogenannten Leuchtturmprojekten umgesetzt werden. In Schritt 5.3 wird das Konzept auf weitere Funktionsbereiche übertragen.

5.1 Gestalten eines Organisations- und Qualifizierungskonzeptes: Ziel des Organisati- onskonzeptes ist es, Nutzer der Low-Code-Plattform zu identifizieren und ihnen Rollen zuzuordnen (s. auch Kap. 1). Dabei wird in der Regel eine Rollenaufteilung in Adminis- tratoren, erfahrene Entwickler, Citizen Developer und Nutzer gewählt. Administratoren sind für die Grundeinrichtung der Plattform zuständig. Sie haben alle Freigaberechte und können Benutzerkonten anlegen, löschen und bearbeiten. Auch die Erstellung eines Rahmenwerks, bestehend aus Richtlinien, Tools und Schulungen, kann in ihrem Verant- wortungsbereich liegen. Ferner stehen sie in engem Kontakt mit dem Third-Level-Support des Anbieters und sind für die Wartung der Software zuständig. Oft sind Administratoren in IT-Abteilungen tätig.

Die Programme werden in erster Linie von den Citizen Developern erstellt. Diese arbeiten in den jeweiligen Fachabteilungen. Besonders geeignet sind Beschäftigte, die über das notwendige Prozesswissen in ihrem Funktionsbereich verfügen und durch ihre Technikaffinität motiviert sind, mittels der Low-Code-Plattform Anwendungen zu pro- grammieren. Erfahrene Programmierer aus der IT-Abteilung sind zum Beispiel dafür zuständig, Konnektoren zu entwickeln oder Citizen Developer bei komplexen Aufgaben zu unterstützen. Die Benutzer von Anwendungen haben ausschließlich Leserechte und können die erstellten Anwendungen bedienen, aber nicht verändern.

In Abhängigkeit von den zugewiesenen Rollen sollten unterschiedliche Qualifizie- rungsstufen angeboten werden. Zudem sollte mit der Qualifizierung auf der höchsten Rollenebene, also mit den Administratoren und erfahrenen Entwicklern, begonnen wer- den. Dieses Vorgehen hat den Vorteil, dass die Administratoren und erfahrenen Entwickler genügend Zeit haben, das Rahmenwerk für die Software aufzubauen und die Benutzer anzulegen. Außerdem können sie zu einem späteren Zeitpunkt als firmeninterne Ansprechpersonen für die Citizen Developer und Nutzer fungieren. Bevor mit der Erstellung der Lehrmaterialien begonnen werden kann, gilt es, ein didaktisches Konzept zu entwickeln. Didaktik ist die Wissenschaft vom Lehren und umfasst die Kompetenzen des Lehrers und die Motivation der Lernenden. Die Lehrkraft benötigt Fähigkeiten wie fachliche, didaktisch-methodische, kommunikative und persönliche Kompetenzen, um den Lehrstoff anforderungsgerecht vermitteln zu können (Ulrich 2020, S. 24 ff.). Es ist größeren Betrieben zu empfehlen, ein Trainerteam aus erfahrenen Beschäftigten zusammenstellen, die die Technologie unterstützen und motiviert sind, diese im Unternehmen einzuführen. Wichtig ist, dass diese Beschäftigten ausreichende Überzeugungskraft besitzen und ihre Motivation auf die Teilnehmer übertragen können (Lauer 2019, S. 88). Das Engagement und das Interesse an dem Thema helfen, sich aktiv an der Schulung zu beteiligen (Ulrich 2020, S. 24 ff.). Das Aufzeigen der Bedeutung der Technologie kann den Einführungsprozess unterstützen. Gerade bei IT-Schulungen ist mit Vorbehalten der Teilnehmer zu rechnen. Führungskräfte sollten daher den Einführungsprozess aktiv begleiten (Hillebrand und Finger 2015, S. 161).

Bezüglich der Erstellung des Lehrmaterials kann zwischen strukturellen, gestalterischen und inhaltlichen Anforderungen unterschieden werden. Die strukturellen Anforderungen verlangen einen roten Faden innerhalb der Lehrmittel. Um effiziente und nachhaltige Lernerfolge zu garantieren, ist es zu empfehlen, sich mit den unterschiedlichen Lerntypen zu befassen. Nach Reinhaus (2019, S. 26) zählen zu diesen die visuellen (sehen), auditiven (hören) und haptischen (ausprobieren) Lerntypen. Auch wenn einzelne Teilnehmer einen Sinneskanal bevorzugen, sollten während des Lernprozesses möglichst unterschiedliche Sinneskanäle angesprochen werden, d. h. es ist eine Schulung anzubieten, in der gelesen, gehört und diskutiert wird. Aber auch das Ausprobieren fordert die Teilnehmenden zu selbständigem Denken und Handeln auf. Da die Kombination diverser Medien die Effektivität steigert, ist es ratsam, zwischen Präsentationen, Handouts und praktischen Aufgaben zu wechseln. Die gestalterischen Anforderungen beinhalten beispielsweise, dass in Präsentationen Grafiken verwendet werden, mit denen sich Inhalte kompakt und aussagekräftig vermitteln lassen (Gerlach und Squarr 2015, S. 17 f.). Die inhaltlichen Anforderungen beziehen sich auf die Richtigkeit und Schlüssigkeit der zu vermittelnden Informationen. Diese sollten zudem einen Bezug zu den betrieblichen Anwendungsfällen haben.

5.2 Umsetzen der Konzepte und Durchführen erster Leuchtturmprojekte: Leuchtturmprojekte beinhalten die Prozessverbesserungen mittels Low-Code-Programmierung, die eine hohe Erfolgswahrscheinlichkeit und ein gutes Verhältnis aus Aufwand und Nutzen aufweisen. Die „Strahlkraft" dieser Umsetzungsprojekte soll auch bei weiteren Abteilungen das Interesse an der Low-Code-Programmierung wecken (Kramer et al. 2018, S. 178). Eine wichtige Zielgröße bei diesen Projekten ist es, eine hohe Akzeptanz der Beschäftigten zu erreichen. Diese ist gegeben, wenn die Belegschaft der einzuführenden Technologie positiv gegenübersteht und diese nutzt (Daniel 2013, S. 31 f.). Die Ergebnisse der

Leuchtturmprojekte können auch zur Demonstration genutzt werden, um Skeptiker von der Technologie zu überzeugen.

5.3 Ausrollen des Konzeptes: Sobald sich erste Erfolge bei den Leuchtturmprojekten abzeichnen, kann die Nutzung der Technologie auf weitere Abteilungen übertragen werden. Die implementierten Verbesserungen aus den Leuchtturmprojekten können als Beispiele herangezogen werden. Zugleich können die erfahrenen Citizen Developer anspruchsvollere Digitalisierungsprojekte durchführen und ihre unerfahrenen Kollegen unterstützen. Es kann sich anbieten, die Methode „Lessons Learned" zu nutzen. Diese ist besonders für Leuchtturmprojekte geeignet, um die auftauchenden Probleme zu dokumentieren und zu erörtern (Melzer 2015, S. 75 f.). Dadurch ist die Möglichkeit gegeben, bei nachfolgenden, größeren Projekten Kosten und Zeit einzusparen. Darüber hinaus können Aspekte, die sich bewährt haben, von anderen Abteilungen übernommen werden. Während des Rollouts ist zu empfehlen, eine Qualifikationsmatrix der Mitarbeiter zu führen, um Qualifizierungsfortschritte zu dokumentieren.

3.8   Phase 6: Einsetzen der Low-Code-Plattform und Evaluieren des Projektes

Gegenstand der sechsten Phase des Vorgehensmodells ist die Etablierung und Weiterentwicklung des Konzeptes. Die Phase besteht wiederum aus drei Schritten (s. Abb. 3.7).

6.1 Ermitteln von weiteren Anwendungsfällen: Nachdem das Konzept für die ausgewählten Anwendungsfälle erfolgreich ausgerollt wurde, sind weitere Prozesse im Unternehmen zu ermitteln, für die der Einsatz der Low-Code-Programmierung vorteilhaft sein kann. Ferner ist sicherzustellen, dass der potenzielle Nutzen des Einsatzes der Low-Code-Programmierung bei der Gestaltung neuer Prozesse standardmäßig mitbewertet wird. Diese Vorgehensweise trägt dazu bei, dass die Anwendung der Low-Code-Programmierung im Unternehmen etabliert wird (Kotter 2012, S. 270 ff.).

6.2 Evaluieren des Organisations- und Qualifizierungskonzeptes: Nachdem die Implementierung des Organisations- und Qualifizierungskonzeptes erfolgt ist, kann dieses im nächsten Schritt evaluiert werden. Mithilfe der Evaluierung wird die Qualität der entwickelten Konzepte bewertet. Dazu können Interviews geführt oder Fragebögen eingesetzt werden, um beispielsweise Antworten auf nachfolgende Fragen zu erhalten:

- Wie zufrieden sind Sie mit der Einführung der Low-Code-Plattform?
- Wie schätzen Sie den Mehrwert der Technologie ein?
- Wie zufrieden sind Sie mit den Schulungsunterlagen?
- Wie beurteilen Sie die Qualität der durchgeführten Schulungen?
- Welche Verbesserungspotenziale erkennen Sie bei den Schulungskonzepten?
- Welchen weiteren Schulungsbedarf sehen Sie?
- Was sind die größten Hindernisse bei der Nutzung der Low-Code-Plattform?

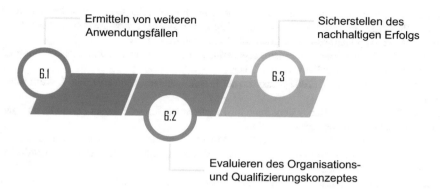

Abb. 3.7 Phase 6 des Vorgehensmodells im Überblick

6.3 Sicherstellen der ökonomischen Nachhaltigkeit: Im letzten Schritt ist die ökonomische Nachhaltigkeit des Auswahl- und Einführungsprojektes zu gewährleisten. Dabei ist zu beachten, dass nach Projektende die Gefahr besteht, dass eingeführte Methoden und Vorgehensweisen in Vergessenheit geraten bzw. die Potenziale der Low-Code-Plattform nicht ausgeschöpft werden. Nachhaltigkeit kann gewährleistet werden, indem entsprechende Ziele und Kennzahlen gebildet, regelmäßig aktualisiert und dem Management vorgelegt werden (z. B. Anzahl der im Zeitverlauf entwickelten Low-Code-Apps; Ermittlung der Zufriedenheit der Nutzer mit einzelnen Low-Code-Anwendungen über einen standardisierten Fragebogen; geschätzte Kosteneinsparungen durch die Einführung einzelner Low-Code-Anwendungen; Anzahl der aktiven Citizen Developer im Betrieb). Gleichzeitig sollten aber auch die Kosten der Low-Code-Plattform (Lizenzgebühren, externe Schulungskosten etc.) erfasst und überwacht werden. Damit auf Abweichungen zügig reagiert werden kann, kann in Anlehnung an die Six-Sigma-Methode ein Reaktionsplan erstellt werden (Toutenburg und Knöfel 2009, S. 286 ff.). Dieser Plan beinhaltet Standardmaßnahmen, die zu ergreifen sind, wenn Ziele nicht erreicht werden (z. B. schlechte Evaluationsergebnisse für eine entwickelte Low-Code-Anwendung).

Literatur

Al Alamin, A., Malakar, S., Uddin, G., Afroz, S., Haider, T., & Iqbal, A. (2021). An Empirical Study of Developer Discussions on Low-Code Software Development Challenges. arXiv e-prints, arXiv-2103.11429v. https://doi.org/10.1007/s10664-022-10244-0

Born, A. (2019). Nieder mit dem Code. iX Magazin, 8(2019), S. 82–87.

Bratincevic, J., & Koplowitz, R. (2021). The Forrester WaveTM: Low-Code Development Platforms For Professional Developers, Q2 2021. Forrester Research. 2021. https://reprints2.forrester.com/#/assets/2/160/RES161668/report

Bratincevic, J., & Rymer, J.R. (2020). When And How To Modernize Core Applications Using Low-Code Platforms. Forrester Research. https://www.forrester.com/report/When-And-How-To-Modernize-Core-Applications-Using-LowCode-Platforms/RES155943

Daniel, A. (2013). Implementierungsmanagement: Ein anwendungsorientierter Gestaltungsansatz. Deutschland: Deutscher Universitätsverlag.

Drews, G., & Hillebrand, N. (2007). Lexikon der Projektmanagement-Methoden. 1. Aufl. München: Rudolf Haufe.

Ebert, C. (2019). Systematisches Requirements Engineering: Anforderungen ermitteln, dokumentieren, analysieren und verwalten. dpunkt.

Farshidi, S., Jansen, S., & Fortuin, S. (2021). Model-driven development platform selection: four industry case studies. Software and Systems Modeling, 20(5), 1525–1551. https://doi.org/10.1007/s10270-020-00855-wc

Gerlach, S., & Squarr, I. (2015). Methodenhandbuch für Softwareschulungen. 2. Aufl. 2015. Berlin, Heidelberg: Springer. https://doi.org/10.1007/978-3-642-45425-7

Grande, M. (2014). *100 Minuten für Anforderungsmanagement – Kompaktes Wissen nicht nur für Projektleiter und Entwickler*. Wiesbaden: Springer. https://doi.org/10.1007/978-3-658-06435-8

Hillebrand, R., & Finger, L. (2015). Einkaufen in der Zukunft: Wie die Digitalisierung den Handel verändert. Zentralbibliothek der Wirtschaftswissenschaften in der Bundesrepublik Deutschland. https://doi.org/10.1007/978-3-658-09692-2

Hinrichsen, S., Adrian, B., Becker, K. L., & Nikolenko, A. (2023). How to select and implement a suitable low-code platform. In 5th International Conference on Human Systems Engineering and Design: Future Trends and Applications (IHSED 2023). https://doi.org/10.54941/ahfe1004155

Ihirwe, F., di Ruscio, D., Mazzini, S., Pierini, P., & Pierantonio, A. (2020). Low-code engineering for internet of things. Proceedings of the 23rd ACM/IEEE International Conference on Model Driven Engineering Languages and Systems: Companion Proceedings. https://doi.org/10.1145/3417990.3420208

Lauer, T. (2019). Change Management: Grundlagen und Erfolgsfaktoren. 3. Aufl. Berlin, Heidelberg: Springer Gabler. https://doi.org/10.1007/978-3-662-59102-4

Koplowitz, R., & Rymer, J. R. (2019a). The Forrester WaveTM: Digital Process Automation For Wide Deployments. Forrester Research. https://www.forrester.com/report/The-Forrester-Wave-Digital-Process-Automation-For-Wide-Deployments-Q1-2019/RES144819

Koplowitz, R., & Rymer, J. R. (2019b). The Forrester WaveTM: Low-Code Development Platforms For AD&D Professionals. Forrester Research. https://www.forrester.com/report/The-Forrester-Wave-LowCode-Development-Platforms-For-ADD-Professionals-Q1-2019/RES144387

Koplowitz, R., Rymer, J. R., & Bratincevic, J. (2020). Navigating The Rapid App Delivery Market. Forrester Research. https://www.forrester.com/report/Navigating-The-Rapid-App-Delivery-Market/RES161938

Kotter, J. P. (2012). Leading change. Harvard business press.

Kramer, S., Hentschel, S., & Bosch, U. (2018). Digital Offroad: Erfolgsstrategien für die digitale Transformation. 1. Aufl. Freiburg: Haufe-Lexware.

Melzer, A. (2015). Six Sigma – Kompakt und praxisnah: Prozessverbesserung effizient und erfolgreich implementieren. Wiesbaden: Springer Gabler. https://doi.org/10.1007/978-3-658-09854-4

REFA-Bundesverband e. V. (2015). Industrial Engineering: Standardmethoden zur Produktivitätssteigerung und Prozessoptimierung. 2. Aufl. München: Hanser.

Reihert, T. (2009). Projektmanagement: Die häufigsten Fehler, die wichtigsten Erfolgsfaktoren. 1. Aufl. München: Haufe.

Reinhaus, D. (2019). Lerntechniken. 4. Aufl. Freiburg: Haufe-Lexware.

Rymer, J. R., & Koplowitz, R. (2019). Now Tech: Rapid App Delivery. Forrester Research. Forrester's Overview Of 41 Rapid-App-Delivery Providers. https://www.flowforma.com/hubfs/Forrester%20Report:%20Now%20Tech%20-%20Rapid%20App%20Delivery%20Report%20Q1%202019.pdf

Sahay, A., Indamutsa, A., di Ruscio, D., & Pierantonio, A. (2020). Supporting the understanding and comparison of low-code development platforms. 46th Euromicro Conference on Software Engineering and Advanced Applications (SEAA). https://doi.org/10.1109/seaa51224.2020.00036

Toutenburg, H., & Knöfel, P. (2009). Six Sigma: Methoden und Statistik für die Praxis. 2. Aufl. Berlin, Heidelberg: Springer. https://doi.org/10.1007/978-3-540-85138-7

Ulrich, I. (2020). Gute Lehre in der Hochschule: Praxistipps zur Planung und Gestaltung von Lehrveranstaltungen. Wiesbaden: Springer Fachmedien. https://doi.org/10.1007/978-3-658-31070-7

Vincent, P., Natis, Y., Iijima, K., Wong, J., Ray, J., Jain, A., & Leow, A. (2020). *Magic Quadrant for Enterprise Low-Code Application Platforms*. Gartner Inc.

Architektur von Low-Code-Plattformen

4

Klaus Schröder

Inhaltsverzeichnis

Zusammenfassung

Low-Code- Plattformen, im englisch-sprachigen Raum als „low code development platforms" bezeichnet, sollen Software-Entwicklung vereinfachen. Entsprechend finden sich in den Darstellungen der Anbieter nur wenige Informationen zum komplexen „Inneren" dieser Plattformen, das die Einfachheit erst möglich macht. Gleichzeitig hat die Architektur der Plattformen durchaus Auswirkungen auf deren Nutzung. In diesem Kapitel werden daher aus den bekannten Eigenschaften von Low-Code-Plattformen Rückschlüsse auf ihre Architektur gezogen. Dazu wird die Kontext-Sicht genutzt, um erste Bausteine zu identifizieren. Anschließend wird das User-Interface der Plattformen betrachtet, um weitere Rückschlüsse auf die Architektur ziehen zu können, sodass final auf das Zusammenspiel wesentlicher Bausteine dargestellt wird.

K. Schröder (✉)
S&N Invent GmbH, Paderborn, Deutschland
E-Mail: klaus.schroeder@sn-invent.de

© Der/die Autor(en), exklusiv lizenziert an Springer-Verlag GmbH, DE, ein Teil von
Springer Nature 2023
S. Hinrichsen et al. (Hrsg.), *Prozesse in Industriebetrieben mittels Low-Code-Software digitalisieren,* Intelligente Technische Systeme – Lösungen aus dem Spitzencluster it's OWL, https://doi.org/10.1007/978-3-662-67950-0_4

4.1 Kontextsicht auf Low-Code-Plattformen

Die Analyse von bestehenden Softwaresystemen kann eine Herausforderung darstellen, insbesondere dann, wenn kein Zugriff auf den Quellcode besteht oder – wie im vorliegenden Fall der Low-Code-Plattformen – zudem eine Mehrzahl von ähnlichen Systemen betrachtet werden soll. Die vorhandene, öffentlich zugängliche Dokumentation der führenden Plattformen ist häufig stark marketinggetrieben und wenig technisch orientiert. Dennoch zeigen die führenden Systeme nach außen eine Vielzahl von Gemeinsamkeiten, die es erlaubt, auch Schlüsse über die Funktionsweise der Plattformen abzuleiten. In solchen Fällen kann die Anwendung von Methoden der Software-Architektur dazu beitragen, eine bessere Einsicht in die Struktur und das Verhalten des Systems zu erhalten. Allgemein beschreibt Softwarearchitektur die grundsätzliche Organisation eines (Software-) Systems, verkörpert durch dessen Komponenten, deren Beziehung zueinander und zur Umgebung sowie die Prinzipien, die für seinen Entwurf und seine Evolution gelten (Starke 2015).

4.2 Die Kontextsicht als Methode der Software-Architektur

Eine Möglichkeit, die Methoden der Software-Architektur bei der Analyse bestehender Systeme einzusetzen, besteht darin, die Kontextabgrenzung des Systems zu untersuchen. Hierbei wird das System als Teil eines größeren Systems oder einer Umgebung betrachtet und dessen Interaktionen mit anderen Systemen oder Akteuren aufgezeigt. Zur Systemanalyse können beispielsweise Diagramme wie Kontextdiagramme oder Use-Case-Diagramme eingesetzt werden.

Kontextdiagramme betrachten den Zusammenhang bzw. das Umfeld eines Systems. Das System selbst wird dabei zunächst als Black-Box mit seinen Schnittstellen und Verbindungen zur Umwelt dargestellt. Es handelt sich um eine Darstellung auf einer hohen Abstraktionsebene (Starke 2015). Effektive Software-Architekturen – Ein praktischer Leitfaden. (7. Aufl. Hanser.). Die Elemente der Kontextabgrenzung werden nachfolgend aufgeführt.

- das System als Black-Box, d. h. in einer Sicht von außen
- die Schnittstellen zur Außenwelt, zu Anwendern, Betreibern und Fremdsystemen, inklusive der über diese Schnittstellen transportierten Daten oder Ressourcen
- die technische Systemumgebung, d. h. Prozessoren, Kommunikationskanäle etc.

Die Kontextabgrenzungen stellen also eine Abstraktion der übrigen Sichten dar, jeweils mit dem Fokus auf den Zusammenhang oder das Umfeld des Systems (s. Abb. 4.1). Eine Kontextabgrenzung sollte zunächst eine fachliche Sicht auf ein System zeigen (ebd. 2015).

Abb. 4.1 Kontextabgrenzung
eines Systems

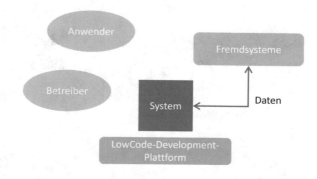

4.3   Kontextsicht auf Low-Code-Plattformen

Angesichts der Vielzahl der existierenden Low-Code- Plattformen muss sich die Darstellung auf die Gemeinsamkeiten der wichtigsten Plattformen beschränken. Im Projekt
wurden die folgenden Plattformen im Hinblick auf ihre möglichen Beziehungen zur
Außenwelt untersucht:

- OutSystems
- Appian
- Intrexx
- Mendix
- Budibase
- Salesforce

Mit der Ausnahme der OpenSource-Plattform Budibase stellen sämtliche der untersuchten Plattformen kommerzielle Angebote dar und besitzen eine Vielzahl an Funktionen
und Möglichkeiten zur Vernetzung mit der Außenwelt. Das Kontextdiagramm berücksichtigt daher nur die wichtigsten Drittsysteme, die allen Plattformen gemeinsam sind,
ohne im Folgenden weiter auf die individuellen Eigenschaften der betrachteten Systeme
einzugehen (s. Abb. 4.2).

Alle Plattformen teilen grundsätzlich ein gemeinsames Programmiermodell. Auf die
Abgrenzung dieses Programmiermodells und die Implikationen werden wir im folgen-
den Abschnitt dieses Kapitels eingehen. Alle Plattformen sind in der Lage Daten mit
Drittsystemen auszutauschen, z. B. über eine angebotene oder konsumierte REST-API.
Ebenso besitzen alle Plattformen eine Administrationsoberfläche. Alle Plattformen bieten ein User-Interface über einen Webbrowser an, mit dem die Endanwender mit den
erstellten Lösungen interagieren. In der Regel kann das User-Interface auch auf mobilen
Geräten angezeigt werden. Die User-Interfaces bieten sämtlich die Möglichkeit, relationale Daten anzuzeigen, die mit dem Datenmodell einer häufig relationalen Datenbank
korrespondieren.

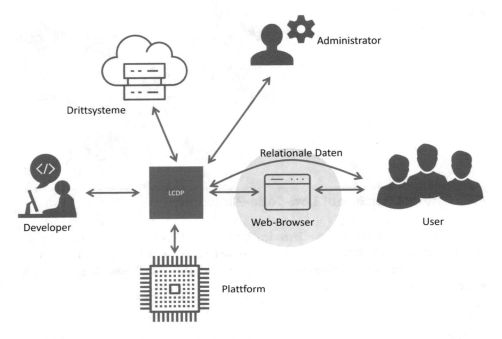

Abb. 4.2 Kontextsicht auf eine Low-Code-Plattform

Die Plattformen werden mit unterschiedlichen Betriebsmodellen angeboten. Einige Plattformen sind ausschließlich als SaaS in der Cloud verfügbar, andere bieten auch die Option einer lokalen Installation. Dabei ist größtenteils auch die Installation in einem vorkonfigurierten Container eine Option. Entsprechend wird im Komponentendiagramm nur ein abstrakter Bezug zur Plattform hergestellt. Der oben dargestellte Kontext erlaubt bereits erste Rückschlüsse auf das „Innenleben" der Low-Code-Plattformen (s. Abb. 4.3). Diese erste Bausteinsicht zeigt zwar einige notwendige Komponenten, erlaubt aber noch keinen ernsthaften Rückschluss auf deren Zusammenarbeit. Um weitere Schlüsse zu ziehen zu können, wird nachfolgend zunächst auf das Programmiermodell von Low-Code-Plattformen eingegangen.

4.4 Programmiermodell von Low-Code-Plattformen

Die Programmierung folgt auf allen betrachteten Low-Code- Plattformen dem Modell der sogenannten Visual Programming Languages. Die Darstellung in diesem Abschnitt folgt weitgehend der Darstellung (Hirzel, M. (2022) Low-Code Programming Models; arXiv:2205.02282v1 [cs.PL] 4 May 2022). Visuelle Programmiersprachen erlauben es

Abb. 4.3 Eine erste
Bausteinsicht

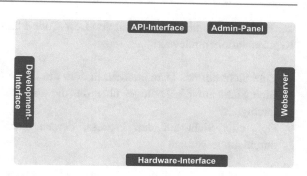

dem Entwickler, eine visuelle Repräsentation des Programms zu betrachten und zu bearbeiten. Obwohl es eine Vielzahl von unterschiedlichen visuellen Repräsentationen gibt, folgt der Aufbau des User-Interface beim visuellen Programmieren in der Regel dem in Abb. 4.4 dargestellten Aufbau.

Im Zentrum der visuellen Programmierung steht der *Code Canvas,* in dem die visuelle Repräsentation des Programms dargestellt wird und z. B. durch Umherziehen oder Hinzufügen von Elementen manipuliert werden kann. Neue Elemente können aus der *Palette* ausgewählt und auf den Code Canvas gezogen werden. Detaileinstellungen zu einzelnen Elementen können in der *Config Pane* vorgenommen werden. Häufig ist eine sogenannte *Stage* enthalten, auf der das Programm ausgeführt werden kann. Anders als in Hirtzel (2022) beschrieben, erlaubt die Stage bei Low-Code-Plattformen keine Beobachtung der tatsächlichen Programmausführung. Stattdessen sind Elemente zum Deployment und Start

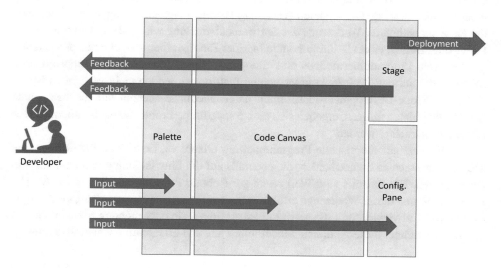

Abb. 4.4 Visuelle Programmierung. (Nach Hirzel 2022)

der Programme enthalten. Im Fall von Low-Code-Plattformen sind vor allem drei visuelle Repräsentationen relevant:

- Eine Sicht auf das Datenmodell, in dem die Daten der Anwendung verwaltet werden.
- Eine Sicht auf die Dialoge, über die die zu erstellende Anwendung mit dem User interagiert.
- Ggf. eine Sicht auf den Prozess, dessen einzelne Schritte in der Verarbeitung durchlaufen werden.

Zu den Stärken dieses Programmiermodells gehört, dass die visuelle Repräsentation in der Regel leicht verständlich ist und in einer Darstellungsform erfolgen kann, die auch für nicht oder wenig geschulte Entwickler oder Domänen-Experten verständlich ist. Syntaxfehler, wie sie in klassischen Programmiersprachen auftreten können, werden in der visuellen Programmierung durch die Oberfläche ausgeschlossen. Gleichzeitig ist die visuelle Repräsentation hinreichend spezifisch, um Ambiguitäten auszuschließen. Dies impliziert jedoch, dass die nutzbaren Elemente nicht in jedem Fall vollständig selbster-klärend sind. Unterschiede können subtil sein. Um die visuelle Repräsentation nicht zu überfrachten, können Details in die Config Pane ausgelagert werden. In jedem Fall benö-tigt die visuelle Repräsentation im Vergleich zur textuellen Repräsentation in der Regel deutlich mehr Platz, was den Überblick erschweren kann. Selbst die Palette kann sehr viele Elemente enthalten, sodass die Übersichtlichkeit eingeschränkt ist. Abhilfe kann daher eine Suchfunktion bieten.

Im Vergleich zu textueller Programmierung hängt ein visuelles Programmiermodell oft von der konkreten Implementierung der Programmierumgebung ab. Dies versperrt nicht nur die Nutzung einer anderen (visuellen) Entwicklungsumgebung, es schränkt auch die Nutzung etablierter Werkzeuge der Softwareentwicklung wie Codeverwaltung, Linter, Differ oder Debugger ein. Abhilfe könnte hier der Einsatz einer textuellen Repräsentation des visuellen Programmiermodells und eine entsprechende Export- oder Importfunktion schaffen, die auf den im Projekt untersuchten Plattformen jedoch nicht vorhanden ist.

Da LowCode-Development-Plattformen unterschiedliche Sichten auf die bearbeitete Anwendung bieten müssen, ergeben sich einige spezifische Probleme, die im übernächsten Abschnitt betrachtet werden.

Der Verweis auf die visuelle Programmierung erlaubt es, Low-Code-Plattformen von anderen Ansätzen zu unterscheiden, die ebenfalls auf die Entwicklung durch Domänenex-perten setzen. Ein Beispiel sind Werkzeuge zur Robotic Process Automation (RPA). Die Programmierung dieser Werkzeuge erfolgt nach dem Paradigma *Programming by Demons-tration*. Der Entwickler führt die gewünschten Aktionen ein oder mehrere Male durch, das Werkzeug zeichnet diese Aktionen wiederholbar auf und erlaubt eine Generalisierung.

4.5   Exkurs: Evil Wizards

Low-Code--Plattformen müssen unterschiedliche Sichten auf die bearbeitete Anwendung bieten, so z. B. auf das Datenmodell und auf die Dialoge der Anwendung (s. Abschn. 4.4). Auf dem Code Canvas der Plattform wird immer nur eine der beiden Sichten angezeigt. Gleichzeitig hängen beide Sichten jedoch eng zusammen. Dies soll hier an einem Beispiel deutlich gemacht werden. Ein Entwickler könnte zur Erfassung einer Kundenadresse etwa die in Tab. 4.1 aufgeführte Datenstruktur spezifizieren.

Schon die Notwendigkeit, neben einer Bezeichnung auch eine technische Bezeichnung vergeben zu müssen, führt zu Redundanzen. Um Doppeleingaben zu vermeiden, erzeugen viele Plattformen die technische Bezeichnung automatisch aus der Bezeichnung. Die Sicht auf den zugehörigen Dialog zur Bearbeitung dieser Daten zeigt weitere Redundanzen (s. Abb. 4.5).

Die Bezeichnungen aus dem Datenmodell finden sich in der Dialogsicht wieder, ebenso widerspiegeln die Eigenschaften der Dialogfelder die Datentypen und Beschränkungen aus der Definition des Datenmodells. Um Doppelerfassungen durch den Entwickler zu

Tab. 4.1 Beispielhafte Datenstruktur

Bezeichnung	Typ	Technische Bezeichnung	Max. Länge
Vorname	Text	VORNAME	50
Name	Text	NAME	50
Straße und Hausnummer	Text	STRASSE_NR	35
Postleitzahl	Text	POSTLEITZAHL	5
Ort	Text	ORT	20

Abb. 4.5 Dialog zum Datenmodell

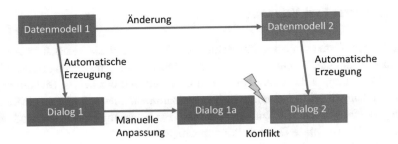

Abb. 4.6 Änderungskonflikte

reduzieren, bieten die Plattformen die Möglichkeit, Dialoge automatisch aus dem Datenmodell zu erzeugen. Diese auf den ersten Blick komfortable Funktionalität kann jedoch
bei weiteren Anpassungen am Datenmodell zu Problemen führen (s. Abb. 4.6).

In Abb. 4.6 wird ein möglicher Bearbeitungsverlauf dargestellt:

- Zunächst wird das Datenmodell 1 erstellt.
- Der Dialog 1 wird automatisch aus dem Datenmodell 1 erzeugt.
- Anschließend wird dieser Dialog manuell zu Dialog 1a geändert.
- Nachfolgend wird das Datenmodell 1 zu Datenmodell 2 verändert.

Im Ergebnis spiegelt der automatisch erzeugte Dialog 2 die manuellen Änderungen aus
Dialog 1a nicht wider. Es ist zu einem Änderungskonflikt gekommen.

4.6 Verfeinerung der Bausteinsicht

Aus den in Abschn. 4.4 angestellten Überlegungen lässt sich die bereits einmal aufge-
stellte Bausteinsicht weiter verfeinern (s. Abb. 4.7).

Abb. 4.7 Verfeinerte
Bausteinsicht

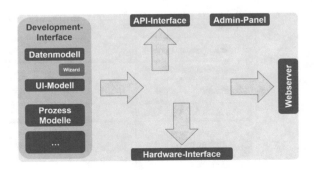

Abb. 4.8 Baustein-Sicht mit Transformation und Runtime-Engine

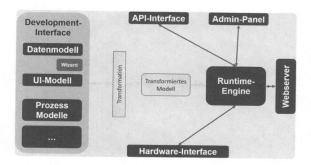

Die Verfeinerung klärt zwar, wie die Funktionalität der durch die Plattform zu erstellenden Anwendung spezifiziert wird, sie lässt aber nach wie vor nicht erkennen, wie die Funktionalität durch die Plattform umgesetzt wird. Es stellt sich daher die Frage, wie die Ausführbarkeit der im Development-Interface definierten Modelle realisiert werden kann. Sämtliche betrachtete Plattformen nutzen zunächst eine Transformation, um die Modelle zu verknüpfen und in einer ausführbaren Form bereitzustellen. Anschließend wird eine Runtime-Engine genutzt, um die transformierten Modelle tatsächlich auszuführen. Abb. 4.8 zeigt die erweiterte Bausteinsicht mit Transformation und Runtime-Engine. Grundsätzlich gibt es für die Realisierung der Runtime-Engine zwei Alternativen. Der Hersteller der Low-Code-Plattform kann eine proprietäre oder eine standardisierte Runtime-Engine einsetzen.

Der Einsatz einer proprietären Runtime-Engine erlaubt dem Hersteller mehr Flexibilität bei der Definition des transformierten Modells. So kann die Transformation ggf. vereinfacht werden. Für den Anwender der Low-Code-Plattform bedeutet der Einsatz einer proprietären Runtime-Engine jedoch, dass die erstellte Anwendung ausschließlich auf der Plattform ausgeführt werden kann. Der Anwender unterliegt also einem Vendor-Lock-In. Die Mehrzahl der betrachteten Plattformen verfolgt diesen Ansatz. Demgegenüber erlaubt der Einsatz einer standardisierten Runtime-Engine (etwa einer Java-Virtual-Machine oder von C#) es grundsätzlich, die erstellte Anwendung auch ohne die Low-Code-Plattform auszuführen. Ein Vendor-Lock-In liegt also nicht vor.

Literatur

Hirzel, M. (2022) Low-Code Programming Models; arXiv:2205.02282v1 [cs.PL] 4 May 2022
Starke, G. (2015). Effektive Software-Architekturen – Ein praktischer Leitfaden. 7. Aufl. Hanser.

Strukturierte Entwicklung von Softwareanwendungen mit Low-Code

5

Jonas Kirchhoff, Nils Weidmann, Stefan Sauer und Gregor Engels

Inhaltsverzeichnis

J. Kirchhoff (✉) · N. Weidmann · S. Sauer · G. Engels
Software Innovation Lab, Universität Paderborn, Paderborn, Deutschland
E-Mail: jonas.kirchhoff@uni-paderborn.de

N. Weidmann
E-Mail: nils.weidmann@uni-paderborn.de

S. Sauer
E-Mail: sauer@uni-paderborn.de

G. Engels
E-Mail: engels@uni-paderborn.de

© Der/die Autor(en), exklusiv lizenziert an Springer-Verlag GmbH, DE, ein Teil von
Springer Nature 2023
S. Hinrichsen et al. (Hrsg.), *Prozesse in Industriebetrieben mittels Low-Code-Software
digitalisieren,* Intelligente Technische Systeme – Lösungen aus dem Spitzencluster
it's OWL, https://doi.org/10.1007/978-3-662-67950-0_5

Zusammenfassung

Eine Low-Code- und/oder No-Code-Entwicklungsplattform (LNCP) bietet Unternehmen eine Chance, Fachexperten stärker in die Entwicklung von individuellen Softwareanwendungen einzubeziehen und so die Effizienz und Effektivität bei der Entwicklung der Softwareanwendungen zu steigern. Erfahrungen aus der konventionellen Softwareentwicklung zeigen jedoch, dass eine strukturierte Entwicklungsmethode zur Koordination der Entwicklungstätigkeiten notwendig ist, um Effizienz und Effektivität in der Entwicklung tatsächlich sicherzustellen. Eine solche Entwicklungsmethode wird allerdings zum aktuellen Zeitpunkt von den marktführenden LNCPs nicht explizit vorgegeben bzw. unterstützt. Durch die neuartigen Eigenschaften der Plattformen und die fehlende Programmierausbildung der benutzenden Fachexperten ist es zudem selten möglich, existierende Entwicklungsmethoden ohne signifikante Überarbeitungen wiederzuverwenden. Daher stellt dieses Kapitel eine Entwicklungsmethode für Softwareanwendungen auf Basis von Low-Code vor, die situativ an die ausgewählte LNCP, die Eigenschaften der zu entwickelnden Anwendung und das Entwicklungsteam angepasst werden kann.

5.1   Effiziente und Effektive Softwareentwicklung

Mit Low-Code[1] sollen Nicht-Programmierer in die Lage versetzt werden, Softwareanwendungen eigenständig und möglichst unabhängig von ausgebildeten Softwareentwicklern umzusetzen oder zumindest substanziell an der Entwicklung der Anwendungen mitzuwirken. Davon versprechen sich insbesondere Unternehmen eine *effizientere* Entwicklung von *effektiveren* Softwareanwendungen. Eine effektivere Softwareanwendung setzt die Anforderungen der Endnutzer besser um. Dies wird im Kontext von Low-Code dadurch begünstigt, dass die erforderliche Kommunikation zwischen Fachexperten und Softwareentwicklern minimiert wird, was die Möglichkeiten für Missverständnisse in der Spezifikation und Umsetzung von Anforderungen reduziert. Gleichzeitig führt die reduzierte Kommunikation zwischen den Parteien zu einer effizienteren Entwicklung, sodass die entwickelte Anwendung schneller zur Verfügung steht. Dieser Effekt wird zudem verstärkt, da die ohnehin nur begrenzt verfügbaren Softwareentwickler in geringerem Umfang beansprucht werden müssen.

Viele gängige LNCPs werben mit der effizienten und effektiven Entwicklung von Softwareanwendungen durch Fachexperten. Bei einer Auseinandersetzung mit diesem Werbeversprechen lässt sich jedoch feststellen, dass die Anwendungsentwicklung mit Low-Code nicht immer und uneingeschränkt effizient und effektiv ist. Dies ist nicht zwangsläufig auf Defizite der genutzten Plattform zurückzuführen, sondern darauf, wie

---

[1] Die Erläuterungen in diesem Kapitel fokussieren sich auf Low-Code-Entwicklungsplattformen, lassen sich in der Regel aber auch unmittelbar auf No-Code-Plattformen übertragen.

geschickt die Plattform im Entwicklungsprozess eingesetzt wird. Am besten lässt sich dies an zwei (fiktiven) Beispielen veranschaulichen:

1. Ein Fachexperte hat eine App in kürzester Zeit entwickelt, aber mangels einer ausreichenden Testphase stellt sich heraus, dass die App im Praxiseinsatz nicht mit Realdaten funktioniert. Dann ist die App (ohne weitere Entwicklungsarbeit) de facto unbrauchbar. Somit wurde die App zwar effizient entwickelt, die App ist jedoch ineffektiv, weil sie augenscheinlich nicht alle Anforderungen vollständig adressiert.
2. Andersherum ist denkbar, dass eine App alle funktionalen Anforderungen vollständig adressiert und des Weiteren auch im Hinblick auf die Benutzeroberfläche detailliert ausgestaltet wurde. Wenn dies wegen ungeschickter Priorisierung allerdings zur (signifikanten) Überschreitung des Projektzeitplans führt oder zu einem Gesamtaufwand, der die Planung um ein Vielfaches übersteigt, wurde eine effektive App ineffizient entwickelt.

Selbstverständlich ist auch eine Kombination aus den beiden Sachverhalten denkbar, also eine ineffiziente Entwicklung einer ineffektiven App. Low-Code hat also zunächst erstmal nur das Potenzial für eine effizientere Entwicklung von effektiveren Softwareanwendungen, aber garantiert dies nicht grundsätzlich.

Vor dem Hintergrund der vorherigen Erklärungen benötigt es also ein Instrumentarium, welches die effiziente Entwicklung von effektiven Softwareanwendungen mit Low-Code sicherstellt. In der Informatik haben sich im Kontext der Anwendungsentwicklung dafür Softwareentwicklungsmethoden etabliert, welche Rahmenbedingungen für eine effektive und effiziente Entwicklung sicherstellen. Die gängigsten Entwicklungsmethoden wie das etablierte V-Modell oder das agile Scrum sind sicherlich auch jedem ausgebildeten Softwareentwickler bekannt. Will jedoch ein Fachexperte von dieser Erfahrung profitieren und wäre ausschließlich auf Softwareentwickler angewiesen, würde die Abhängigkeit zu ausgebildeten Softwareentwicklern wieder erhöht anstatt – wie eigentlich angedacht – verringert. Zudem lassen sich existierende Softwareentwicklungsmethoden aus der konventionellen High-Code-Softwareentwicklung nicht zwangsläufig ohne Anpassungen in einem Low-Code-Kontext einsetzen, da sie beispielsweise die neuartigen Eigenschaften der LNCPs nicht berücksichtigen oder für die Nutzung durch ausgebildete Softwareentwickler und nicht Fachexperten entworfen wurden.

Um das Defizit einer fehlenden Softwareentwicklungsmethode zu adressieren, stellt dieses Kapitel eine grundlegende Entwicklungsmethode für die Entwicklung von Softwareanwendungen mit Low-Code durch Fachexperten vor. Diese kann an die Eigenschaften der eingesetzten LNCP, des Entwicklungsteams und der zu entwickelnden Anwendung angepasst werden. Die nachfolgend dargestellten Erläuterungen ergänzen eine vorherige Veröffentlichung der Autoren, die im Kontext einer wissenschaftlichen Konferenz präsentiert und diskutiert wurde (Kirchhoff et al. 2022).

5.2   Einführung in Softwareentwicklungsmethoden

Eine Softwareentwicklungsmethode ist ein strukturierter Ansatz zur Erstellung einer Softwareanwendung und beschreibt Entwicklungsaktivitäten inklusive ihrer Reihenfolge, produzierten Arbeitsergebnisse und ausführenden Rollen (Fazal-Baqaie 2016). Als Motivation für den Einsatz einer Softwareentwicklungsmethode werden unter anderem verbesserte Softwarequalität und effizientere Entwicklung genannt (Khalifa und Verner 2000; Henderson-Sellers et al. 2014).

Zuletzt lag der Fokus bei der Entwicklung von Softwareentwicklungsmethoden vermehrt auf der situativen Methodenentwicklung, bei der eine Entwicklungsmethode speziell für den situativen Kontext einer Organisation entwickelt wird. Solche situativen Kontextfaktoren umfassen beispielsweise die Größe des Entwicklungsteams, die erwartete Lebensdauer der entwickelten Anwendung, die Regelmäßigkeit der Veröffentlichung von neuen Softwareversionen und weitere Aspekte, welche die Durchführung von Entwicklungsaktivitäten beeinflussen können (Bekkers et al. 2008).

Grundlegend gibt es mehrere Ansätze bei der Entwicklung und Beschreibung einer situativen Entwicklungsmethode (Fazal-Baqaie 2016). Die nachfolgend vorgestellte Entwicklungsmethode für Low-Code ist konfigurationsbasiert, hat also mehrere alternative Aktivitäten, die basierend auf situativen Faktoren ausgewählt werden. Im Gegensatz zu anderen Ansätzen schränkt dies die Flexibilität der Methode zwar auf die während des Methodenentwurfs berücksichtigten Faktoren und Alternativen ein, ermöglicht aber die Anwendung der Methode durch Fachexperten ohne die Einwirkung speziell ausgebildeter Methodenentwickler.

5.3   Situative Faktoren der Low-Code-Entwicklung

Zum besseren Verständnis der im weiteren Kapitelverlauf erläuterten Entwicklungsmethode gibt dieser Abschnitt einen kurzen Überblick über die situativen Faktoren, welche die Auswahl von Entwicklungsaktivitäten im Rahmen der Methode beeinflussen. Die nachfolgenden Beschreibungen legen einen Fokus auf die situativen Faktoren und deren mögliche Ausprägungen, die im Rahmen der im Projekt *Pro-LowCode* durchgeführten Fallstudien und Workshops eine signifikante Rolle gespielt haben. Die in diesem Abschnitt erläuterten Faktoren werden zur besseren Übersichtlichkeit in die drei Gruppen Funktionalität der eingesetzten LNCP, Eigenschaften der zu entwickelnden Softwareanwendung, und Charakteristika des Entwicklungsteam zusammengefasst.

Funktionalität der LNCP

Im Gegensatz zur konventionellen High-Code-Softwareentwicklung (vgl. Abschn. 2.8), die Entwicklungsframeworks in beliebigen Technologien und Programmiersprachen zulässt, sind Low-Code-Entwickler immer durch den Funktionsumfang der verwendeten LNCP eingeschränkt. Viele der marktführenden Plattformen bieten zwar eine ähnliche Kernfunktionalität, unterscheiden sich aber dennoch hinsichtlich ihrer erweiterten Funktionalität voneinander. Beispielsweise bieten manche Plattformen eine umfassendere Automatisierung von repetitiven Aufgaben wie der initialen Erstellung von Formularen für die Manipulation von Daten. Die Erfahrung aus dem Projekt *Pro-LowCode* hat gezeigt, dass insbesondere bei produzierenden Unternehmen nicht davon ausgegangen werden kann, dass die Entwicklungsplattform immer nach ihrer Übereinstimmung mit dem (angestrebten) Entwicklungsprozess ausgewählt werden kann. Schließlich ist die Auswahl einer Plattform – wie in Kap. 3 dargestellt – durch viele Aspekte eingeschränkt wie beispielsweise Datenschutz, Anschaffungs- und Betriebskosten oder die Bereitschaft der IT-Abteilung, eine bestimmte Plattform zu unterstützen.

Die bereitgestellte Funktionalität einer ausgewählten LNCP sollte daher im Rahmen einer Entwicklungsmethodik berücksichtigt werden, um redundante Entwicklungsaktivitäten wie beispielsweise die Generierung von Eingabeformularen zu vermeiden. Bei fehlender Funktionalität kann zudem ein Workaround außerhalb des LCDP erforderlich sein, beispielsweise zur umfassenden Qualitätssicherung der entwickelten Anwendung. Im Verlauf der Methodenbeschreibung werden insbesondere die Faktoren Dokumentationsformat für Datentypen, Existenz eines Konnektor-Marktplatzes, Automatisierte Generierung (in verschiedenen Untervarianten), Unterstützung für anwendungsspezifische Steuerelemente, Unterstützung von Unit-Tests und Unterstützung von Testautomatisierung berücksichtigt.

Eigenschaften der zu entwickelnden Anwendung

Die Anwendungen, die im Rahmen der im Projekt *Pro-LowCode* durchgeführten Fallstudien entwickelt wurden, lassen sich in die zwei Hauptkategorien Prozessunterstützung und Datenvisualisierung einteilen. In der Kategorie Prozessunterstützung soll die entwickelte Low-Code-Anwendung einen (organisatorischen) Geschäftsprozess digital abbilden. Dieser Prozess kann bereits (in Papierform) im Unternehmen eingeführt worden sein oder er wird während der Anwendungsentwicklung neu definiert. In der Kategorie Datenvisualisierung werden (Echtzeit-)Daten aufbereitet und visuell dargestellt, z. B. in Form eines Dashboards.

Neben den dargestellten Anwendungskategorien, die nachfolgend als Ausprägungen des Faktors Anwendungsfall aufgefasst werden, und Abhängigkeiten zu externen Diensten als weiterer situativen Faktor, können auch nicht-funktionale Eigenschaften der zu entwickelnden Softwareanwendung die Entwicklungsaktivitäten beeinflussen. Dazu werden nachfolgend die Faktoren Anwendungskomplexität, Geschäftskritikalität, (erwarteter) Erweiterungsbedarf und Veröffentlichungsziel (unternehmensintern/öffentlich) berücksichtigt.

Charakteristika des Entwicklungsteams

Situative Faktoren, die mit Charakteristika des Entwicklungsteams zusammenhängen, können sich sowohl auf Kennzahlen des gesamten Teams (wie beispielsweise die Teamgröße) oder auf die Fähigkeiten einzelner Teammitglieder (wie beispielsweise Kenntnisse in einer bestimmten Technologie) fokussieren. Diese Faktoren sind grundsätzlich sehr ähnlich zu den bereits etablierten Faktoren im Bereich der situativen Methodenentwicklung. Dennoch ist ein besonderes Augenmerk auf die (gegebenenfalls) fehlenden Kenntnisse der Citizen Developer im Bereich Softwareentwicklung in einem Low-Code-Kontext wichtig. Insbesondere die fehlenden Programmierkenntnisse (die für Low-Code-Entwicklung im Gegensatz zu No-Code-Entwicklung in gewissem Maße erforderlich sind) müssen berücksichtigt werden.

Im Verlauf der Methodenbeschreibung werden insbesondere die folgenden Faktoren berücksichtigt: Größe des Entwicklungsteams, Kenntnisse in der (graphischen) Dokumentation von Datentypen, Vorhandensein von ausgebildeten Entwicklern/Programmierern im Entwicklungsteam und Vorerfahrung mit der LNCP.

5.4   Dokumentationsformat

In diesem Abschnitt wird das nachfolgend eingesetzte Dokumentationsformat vorgestellt. Die Definition von Softwareentwicklungsmethoden in Abschn. 5.2 legt nahe, dass das Dokumentationsformat sowohl die Entwicklungsaktivitäten, deren Reihenfolge, assoziierte Entwicklerrollen und resultierende Arbeitsergebnisse abbilden können muss. Bei der Ausführungsreihenfolge von Aktivitäten muss zudem die bedingte Ausführung von Aktivitäten aufgrund situativer Faktoren beschrieben werden können. Trotz der erforderlichen Ausdrucksstärke, die zur Abbildung all dieser Informationen notwendig ist, soll das Dokumentationsformat für Fachexperten verständlich sein.

Um einen Kompromiss zwischen Übersichtlichkeit und Vollständigkeit zu erreichen, wird die erarbeitete Entwicklungsmethode nachfolgend sowohl graphisch als auch textuell beschrieben. Für die graphische Darstellung werden Prozessdiagramme im Format *Business Process Model and Notation (BPMN)*[2] eingesetzt, da diese Art der Dokumentation in der Regel auch von Nicht-Informatikern (und somit von den Fachexperten als Citizen Developer) ohne umfangreiche Schulung verstanden wird. Weiterführende Informationen

---

[2] https://www.bpmn.org/

zu Ziel, Durchführung und Unterstützung der Aktivitäten werden textuell beschrieben. Zwecks Vereinfachung wird auf die Annotation der durchführenden Rollen verzichtet, da die Aktivitäten in der Regel beim Fachexperten liegen oder mangels Programmierkenntnisse offensichtlich von einem ausgebildeten Softwareentwickler durchgeführt werden müssen. Aus Gründen der Übersichtlichkeit werden die Arbeitsergebnisse zudem nicht graphisch dargestellt, zumal diese häufig auch direkt in der LNCP verbleiben. Der Rest dieses Abschnitts gibt einen kurzen Überblick über die Notationselemente der BPMN. Leserinnen und Leser mit entsprechenden Vorkenntnissen können bei Bedarf direkt zum Anfang der Methodendokumentation in Abschn. 5.5 springen.

Abb. 5.1 zeigt einen Überblick über den Teil der Notationselemente von BPMN, die in der nachfolgenden Methodendokumentation zum Einsatz kommen. Die beiden Kreise (a und f in Abb. 5.1) zeigen den Start bzw. das Ende des Prozesses an. Dazwischen finden sich Aktivitäten, die als abgerundete Rechtecke dargestellt werden und einen kurzen, beschreibenden Titel enthalten (b). Zur vereinfachten Referenz werden Aktivitäten um ein grau hinterlegtes Rechteck mit einer Identifikation für die Aktivität erweitert. Die Reihenfolge zwischen Diagrammelementen wird durch einen Pfeil dargestellt (c). Alternativ zu einer Aktivität kann ein Sequenz-Pfeil auch auf ein Gateway zeigen, welches als Raute mit einem X dargestellt ist (d). Ein Gateway beschreibt eine bedingte Ausführung der nachfolgenden Aktivitäten. Die jeweilige Bedingung zur Ausführung der Aktivität ist an dem verbindenden Pfeil annotiert (e). Zwecks Übersichtlichkeit ist jede Phase der Entwicklungsmethode in einem eigenen BPMN-Diagramm zu Beginn des Abschnitts dargestellt. Die Durchführung der Aktivitäten wird anschließend im weiteren Verlauf des jeweiligen Abschnitts textuell erklärt.

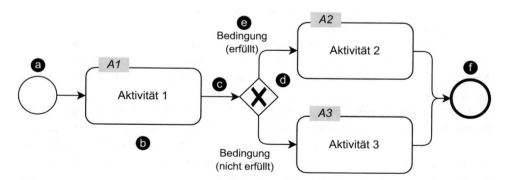

Abb. 5.1 Überblick über die verwendeten BPMN-Notationselemente

5.5   Phase 1: Anforderungserhebung

Einen Überblick über die Phase zur Anforderungserhebung gibt Abb. 5.2. In dieser Phase werden die Anforderungen an die zu entwickelnde Anwendung gesammelt und dokumentiert, um die Entwicklungsaktivitäten der späteren Phasen zu unterstützen. Sofern nicht explizit anders angegeben, wird für jede Aktivität die Ablage der (digitalen) Arbeitsergebnisse in einem zentralen Verzeichnis oder in einer Wiki-Software wie beispielsweise *Atlassian Confluence* empfohlen. Bei geringer Anwendungskomplexität eignet sich zur Dokumentation auch ein Textverarbeitungsprogramm, jedoch ist die Anwendungs- und Entwicklungskomplexität im Vorfeld häufig schwierig einzuschätzen.

A1.1 – (Repräsentative) Endnutzer identifizieren Die erste Aktivität der Entwicklungsmethode hat das Ziel, mögliche Endnutzer für die zu entwickelnde Anwendung zu identifizieren. Das „repräsentativ" bezieht sich dabei auf die Auswahl einer Teilmenge der konkret in Frage kommenden Personen und nicht auf die Zusammenfassung von Nutzerinteressen in Form von abstrakten Personas. Das Ergebnis der Aktivität ist eine (tabellenbasierte) Dokumentation von konkreten Ansprechpartnern, auf die für Befragungen im Rahmen nachfolgender Aktivitäten zurückgegriffen werden kann. Zwar könnte die Identifikation repräsentativer Endnutzer theoretisch entfallen, wenn klar ist, dass der entwickelnde Fachexperte der einzige Endnutzer ist. Dies sollte jedoch explizit abgeklärt werden, da gegebenenfalls vergleichbare Anwendungsfälle in anderen Unternehmensabteilungen auch durch die Anwendung unterstützt werden können.

A1.2 – Existierenden Prozess sichten Sofern die zu entwickelnde Anwendung das Ziel hat, einen Geschäftsprozess digital abzubilden, und dieser Prozess bereits in analoger Form existiert, sollte der existierende Prozess zunächst gesichtet werden. Dazu werden unter Beteiligung der zuvor in A1.1 identifizierten Endnutzer existierende Artefakte gesammelt, die mit dem Prozess in Verbindung stehen. Die resultierende Dokumentensammlung kann beispielsweise die existierende Prozessdokumentation oder aktuell eingesetzte Papierformulare umfassen.

A1.3 – Prozess neu entwickeln Für den Fall, dass der zu unterstützende Geschäftsprozess noch nicht existiert, muss dieser neu entwickelt werden. Aufgrund der (fachlichen) Komplexität dieses Themas sei an dieser Stelle auf einschlägige Literatur wie beispielsweise Dumas et al. (2021) verwiesen.

A1.4 – Prozess (formal) dokumentieren Unabhängig davon, ob der zu unterstützende Geschäftsprozess bereits existiert oder neu entwickelt wird, sollte er zur Referenz in nachfolgenden Aktivitäten und zwecks Übersichtlichkeit graphisch und textuell dokumentiert werden. Zur Verständlichkeit sollte die graphische Dokumentation eine geläufige Notation nutzen und Rollen, Aktivitäten und Artefakte/Dokumente enthalten, die Teil des Prozesses sind. Wir empfehlen die weit verbreitete und auch in diesem Kapitel eingesetzte BPMN (vgl. Abschn. 5.4) für die Dokumentation, da sie sowohl den Kontroll- als auch den Datenfluss des Prozesses erfassen kann und von einer Vielzahl von Interessengruppen (auch ohne Informatikhintergrund) akzeptiert ist sowie gelesen werden kann. Durch die weite

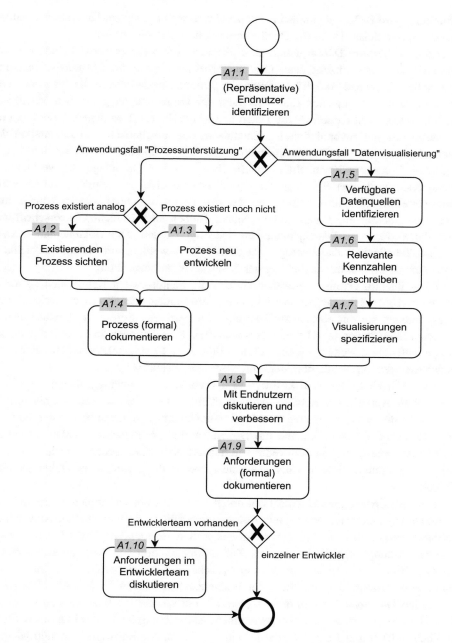

Abb. 5.2 Übersicht über die erste Entwicklungsphase „Anforderungserhebung"

Verbreitung wird BPMN ebenfalls in vielen Softwarewerkzeugen zur Diagrammerstellung unterstützt, beispielsweise in der Open-Source-Software *diagrams.net*.

A1.5 – Verfügbare Datenquellen identifizieren Sofern die zu entwickelnde Anwendung nicht der Unterstützung eines Geschäftsprozesses, sondern der Datenvisualisierung dient, sollte die zweite Aktivität während der Anforderungserhebung die Identifizierung der verfügbaren Datenquellen sein. Hier liegt der Fokus auf der generellen Verfügbarkeit von Daten, nicht darauf, ob die Daten bereits (strukturiert) vorliegen. Dazu kann im Austausch mit den zuvor definierten Endnutzern eine tabellarische Dokumentation der Datenquellen mit Art der Daten, Speicherort und Ansprechpartner erstellt werden.

A1.6 – Relevante Kennzahlen beschreiben Auf der Grundlage der verfügbaren Datenquellen wird unter Einbezug der Endnutzer eine Liste potenzieller und/oder wünschenswerter Kennzahlen ermittelt, die aus den Daten berechnet werden können und diese zusammenfassen. Dabei sollten Name, Einheit und Berechnungsvorschrift auf Basis der verfügbaren Datenquellen berücksichtigt werden. Die Dokumentation kann in einem Tabellenkalkulationsprogramm durchgeführt werden, um zudem beispielhafte Berechnungen zur Veranschaulichung der Kennzahlen durchzuführen.

A1.7 – Visualisierungen spezifizieren Um die identifizierten Kennzahlen später in der Benutzeroberfläche der zu entwickelnden Anwendung oder in einem Bericht anzuzeigen, müssen sie mit einer Visualisierung assoziiert sein. Sofern die Dokumentation der Kennzahlen zuvor in A1.6 mit beispielhaften Berechnungen in einer Tabellenkalkulationssoftware erweitert wurden, können dort erste beispielhafte (diagrammbasierte) Visualisierungen zur Validierung der Anforderungen erstellt werden.

A1.8 – Mit Endnutzern diskutieren und verbessern Unabhängig davon, ob die zu entwickelnde App einen Geschäftsprozess digitalisieren oder Daten visualisieren soll, ist es sinnvoll, die zusammengetragenen Informationen mit den Erfahrungen der potenziellen Endnutzer abzugleichen und die Dokumentation gegebenenfalls entsprechend zu überarbeiten. Feedback kann entweder zentralisiert über einen gemeinsamen Workshop oder dezentral durch Hinterlassen von Kommentaren in der existierenden Dokumentation erfolgen.

A1.9 – Anforderungen (formal) dokumentieren Aus der zusammengetragenen und validierten Dokumentation sollten nun Anforderungen an die zu entwickelnde Anwendung extrahiert werden, die im Sinne von Arbeitspaketen im weiteren Verlauf der Anwendungsentwicklung abgearbeitet werden. Zur Dokumentation von Anforderungen bieten sich eine Formalisierung von natürlicher Sprache wie beispielsweise User Stories an, welche eine Anforderung aus Sicht der Endnutzer beschreiben (z. B. „Als *Nutzerrolle* brauche ich *Funktionalität* [um *Bedarfsgrund*]"). Für weitere Informationen zu User Stories und deren priorisierter Auflistung in einem Anforderungsbacklog sei an dieser Stelle auf Michl (2018) und Kusay-Merkle (2018) verwiesen. Als Software lässt sich gängige Projektmanagementsoftware einsetzen, für die User Stories aus dem Kontext der agilen Softwareentwicklung eignen sich beispielsweise *Trello* oder *Atlassian Jira*.

A1.10 – Anforderungen im Entwicklungsteam diskutieren Sofern das Entwicklungsteam mehr als einen einzelnen Fachexperten umfasst, sollten die zuvor dokumentierten Anforderungen im Team hinsichtlich ihrer Verständlichkeit diskutiert und gegebenenfalls überarbeitet werden.

5.6 Phase 2: Modellierung der Domäne

Ein Überblick über die Phase zur Modellierung der Domäne ist in Abb. 5.3 dargestellt. In dieser Phase werden die relevanten Datentypen für die Anwendungsdomäne bzw. den konkreten Anwendungsfall identifiziert und beschrieben, sodass sie in die LNCP übertragen werden können. Dies bildet die Grundlage für die spätere Anbindung von konkreten Daten sowie deren Manipulation.

A2.1/A2.2 – Beispielhafte Daten zusammentragen Zur vereinfachten Identifikation der für den Anwendungsfall relevanten Datentypen sollten zunächst Beispieldaten gesammelt werden. Je nach Anwendungsfall der App können diese entweder der zuvor erstellten Prozessdokumentation oder den zuvor dokumentierten Datenquellen entnommen werden. Die Sammlung beispielhafter Dateninstanzen ermöglicht es, Gemeinsamkeiten und Unterschiede über die Instanzen zu identifizieren und so später die notwendigen Attribute und Beziehungen der Datentypen abzuleiten.

A2.3 – Datentypen ableiten und tabellarisch dokumentieren Auf Basis der Beispieldaten können die Datentypen abgeleitet werden und sollten direkt dokumentiert werden, um Informationsverlust zu vermeiden. Im einfachsten Fall bietet sich dazu ein tabellarisches Dokumentationsformat an, welches für jeden Datentyp eine Tabelle mit vier Spalten für den Namen der Attribute, eine Kurzbeschreibung jedes Attributs, den zugehörigen Datentyp (ein mitgelieferter, primitiver Datentyp oder ein bereits definierter, komplexer Datentyp) und die Kardinalität (eine obere und untere Grenze für die Anzahl der Werte, die das Attribut für eine Dateninstanz annehmen kann) angibt. Zur zusätzlichen Veranschaulichung kann eine weitere Spalte hinzugefügt werden, die einen beispielhaften Wert für den Attributwert angibt.

A2.4 – Datentypen ableiten und graphisch dokumentieren Alternativ zum zuvor erklärten tabellarischen Datenformat bietet sich der Übersicht halber auch eine graphische Dokumentation an, zum Beispiel als Klassendiagramm der *Unified Modeling Language (UML)*[3] oder als *Entity-Relationship-Diagramm*. Diese Notationen erlauben es, die vier zuvor erläuterten Standardspalten visuell darzustellen und so Abhängigkeiten zwischen Datentypen besser erfassen zu können. Aufgrund dieses geringfügigen Mehrwerts bietet sich das Dokumentationsformat allerdings nur an, wenn Kenntnisse in der Notation bereits vorhanden sind. Häufig reichen leichtgewichtige Softwarewerkzeuge zur Diagrammerstellung für die graphische Dokumentation, aber auch spezialisierte Editoren wie beispielsweise *Modelio* für UML-Klassendiagramme können genutzt werden.

---

[3] https://www.uml.org/

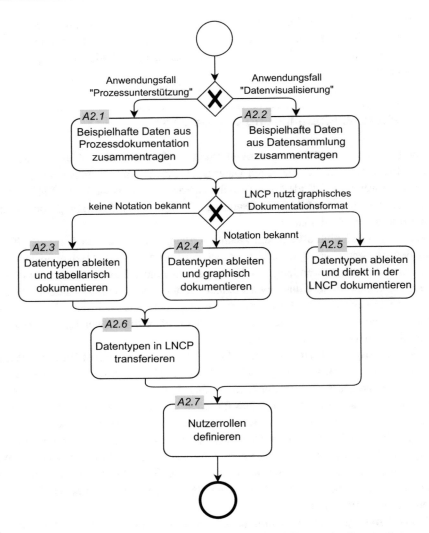

Abb. 5.3 Übersicht über die zweite Entwicklungsphase „Modellierung der Domäne"

A2.5 – Datentypen ableiten und direkt in LNCP dokumentieren Sofern die LNCP ein geeignetes Dokumentationsformat (beispielsweise ähnlich zu einer der vorgeschlagenen graphischen Notationen, siehe *Mendix*[4]) anbietet, ist es auch möglich, die Dokumentation der Datentypen direkt in der LNCP durchzuführen. Zwar wird so eine potenzielle

---

[4] https://www.mendix.com/blog/3-steps-to-building-your-data-model-in-mendix/ (Abgerufen am 27.02.2023).

Redundanz vermieden, allerdings kann es je nach Dokumentationsformat bzw. dessen Umsetzung in der Plattform vorkommen, dass die Dokumentation über mehrere Ansichten verteilt ist und nicht mehr zusammenhängend gelesen werden kann. Diese Dokumentationsoption ist somit sorgfältig abzuwägen.

A2.6 – Datentypen in die LNCP transferieren Sofern die Datentypen im Rahmen von A2.3 und A2.4 identifiziert wurden, müssen sie noch in die LNCP übertragen werden, damit sie dort für nachfolgende Entwicklungsaktivitäten zur Verfügung stehen. Möglicherweise müssen in diesem Schritt einige kleinere Verfeinerungen vorgenommen werden, um die dokumentierten Datentypen an die von der Plattform unterstützten Typen anzugleichen (beispielsweise von „Text" auf „String").

A2.7 – Nutzerrollen definieren Sofern nicht bereits im Rahmen der vorangehenden Aktivitäten geschehen, sollten an dieser Stelle bereits Nutzerrollen für die zu entwickelnde Anwendung definiert werden. Auf Basis der übertragenen Datentypen und der definierten Nutzerrollen ist es bereits möglich, den Zugriff auf Daten einzuschränken und Aspekte des Datenschutzes rechtzeitig zu adressieren.

5.7 Phase 3: Integration externer Systeme

Ein Überblick über die Phase zur Integration externer Systeme ist in Abb. 5.4 dargestellt. In dieser Phase werden die Abhängigkeiten zu externen Diensten identifiziert, die außerhalb der LNCP (beispielsweise auf einem unternehmensinternen Server oder von Drittanbietern) bereitgestellt werden. Zur Integration der Dienste in die LNCP werden Konnektoren entwickelt, die den Zugriff auf die von externen Diensten bereitgestellten Daten oder Funktionalität ermöglichen.

A3.1/A3.2 – Datenabhängigkeiten identifizieren Datendienste sind die erste Art von Dienst, zu der eine Abhängigkeit bestehen kann. Diese Art von Dienst stellt Daten für die zu entwickelnde Anwendung bereit, welche visualisiert werden sollen oder für die Durchführung eines Geschäftsprozesses benötigt werden. Ein Beispiel für einen Datendienst ist ein bestehendes Datenbankmanagementsystem mit Stammdaten zu Kunden. Für den Anwendungsfall Prozessdigitalisierung ergeben sich die Datenabhängigkeiten aus dem dokumentierten Prozessmodell, für den Anwendungsfall Datenvisualisierung können Abhängigkeiten auf Basis der dokumentierten Datenquellen identifiziert werden.

A3.3 – Funktionale Abhängigkeiten identifizieren Funktionale Dienste stellen Funktionalität für die Geschäftslogik der zu entwickelnde Anwendung bereit, die nicht standardmäßig von der LNCP unterstützt wird. Dazu gehört beispielsweise die Integration externer Software, die nur auf einer bestimmten Hardware ausgeführt werden kann.

Für den Fall, dass keine Abhängigkeiten zu externen Diensten existieren – beispielsweise, wenn die Anwendung von Grund auf in der LNCP entwickelt wird – ist die dritte Entwicklungsphase bereits beendet. Andernfalls werden die Abhängigkeiten

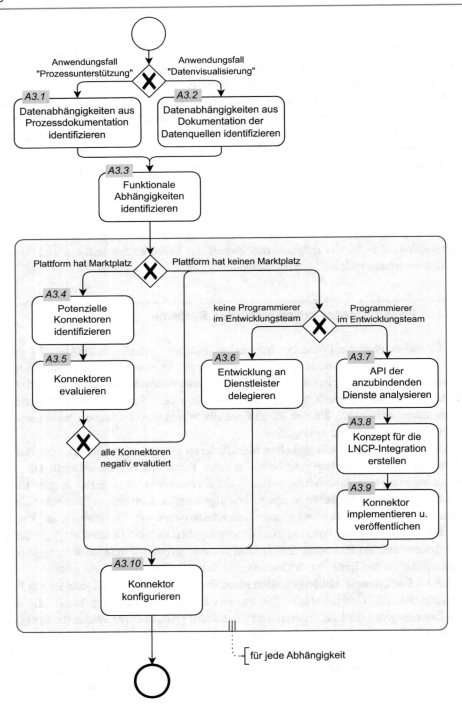

Abb. 5.4 Übersicht über die dritte Entwicklungsphase „Integration externer Systeme"

im Rahmen ihrer Identifikation dokumentiert, wobei insbesondere die zugrunde liegenden Technologien wie beispielsweise die Datenbanksoftware festgehalten werden, und die nachfolgenden situativen Entwicklungsaktivitäten für jede identifizierte Abhängigkeit durchgeführt:

A3.4 – Potenzielle Konnektoren identifizieren Ein Großteil der marktführenden Plattformanbieter haben einen Marktplatz in ihre Plattform integriert, über den existierende Konnektoren (frei oder gegen Bezahlung) zur Anbindung externer Dienste bereitgestellt werden (vgl. Kap. 4). Aus der Menge der verfügbaren Konnektoren müssen zunächst diejenigen identifiziert werden, die zu der vom zu integrierenden Dienst genutzten Technologie kompatibel sind.

A3.5 – Konnektoren evaluieren Da die Marktplätze in der Regel für Drittanbieter geöffnet sind und deren Beiträge nicht (immer) vom Plattformanbieter geprüft werden, ist eine Evaluation der Konnektoren angeraten. Dabei steht die Kompatibilität des Konnektors zu dem zu integrierenden Dienst sowie der aktuellen Version der LNCP im Vordergrund. Somit ist diese Aktivität selbst dann sinnvoll, wenn nur ein Konnektor im Rahmen der vorangehenden Aktivität identifiziert wurde. Nach Möglichkeit sollte der Konnektor für eine Test-Instanz des Dienstes in einer Testumgebung konfiguriert und die Kompatibilität validiert werden. Die Ergebnisse der Evaluation sollten unter Berücksichtigung der Versionsnummern der beteiligten Softwarekomponenten dokumentiert werden. Bei positiver Evaluation mehrerer Konnektoren muss eine finale Auswahl getroffen werden, ggf. durch (Neu-)Gewichtung der Evaluationskriterien.

A3.6/A3.7/A3.8/A3.9 – Konnektorentwicklung Sofern kein Konnektor wiederverwendet werden kann – sei es, weil kein Konnektor den Evaluationskriterien genügt oder es schlicht (noch) keinen entsprechenden Konnektor gibt – muss ein Konnektor eigenständig entwickelt werden. Falls es keine ausgebildeten Programmierer im Team gibt, besteht nur die Möglichkeit, die Entwicklung eines individuellen Konnektors an einen Dienstleister zu delegieren (A3.6). Andernfalls müssen zunächst die Schnittstellen des zu integrierenden Dienstes analysiert und technisch dokumentiert werden, beispielsweise hinsichtlich Kommunikationsprotokoll (A3.7). Je nach Protokoll bieten sich unterschiedliche Dokumentationsformate an, beispielsweise *OpenAPI* für HTTP-basierte Web-Dienste. Sofern nicht aus vorherigen Entwicklungsprojekten bekannt, muss auch Wissen über die Schnittstelle der LNCP zur Integration externer Dienste erworben werden. Basierend auf dem Wissen über die Schnittstelle des zu integrierenden Dienstes und über die Schnittstelle der LNCP kann schließlich ein technisches Integrationskonzept erarbeitet werden (A3.8). Das Konzept muss anschließend implementiert und der resultierende Konnektor (projektspezifisch oder plattformweit) in der Plattform veröffentlicht werden (A3.9).

A3.10 – Konnektor konfigurieren Unabhängig davon, ob der Konnektor einem Marktplatz oder einem Entwicklungsprojekt entstammt, muss der Konnektor für die Integration des Dienstes konfiguriert werden. Die vom Dienst bereitgestellten Daten oder Funktionalität stehen nun für die Weiterverarbeitung in der LNCP zur Verfügung.

5.8 Phase 4: Entwicklung der Geschäftslogik

Ein Überblick über die Phase zur Implementierung der Geschäftslogik ist in Abb. 5.5 dargestellt. In dieser Phase wird die eigentliche Funktionalität der Anwendung entwickelt.

A4.1/A4.2 – CRUD-Funktionalität definieren CRUD ist ein Akronym für die Operationen Create, Read, Update, Delete, welche im Verlauf eines digitalisierten Geschäftsprozesses zur Datenmanipulation benötigt werden. In der Regel sind die gängigen LNCPs in der Lage, diese Funktionalität automatisch für die in Phase 2 definierten Datentypen zu generieren (A4.1). In Ausnahmefällen müssen die Operationen händisch definiert werden (A4.2).

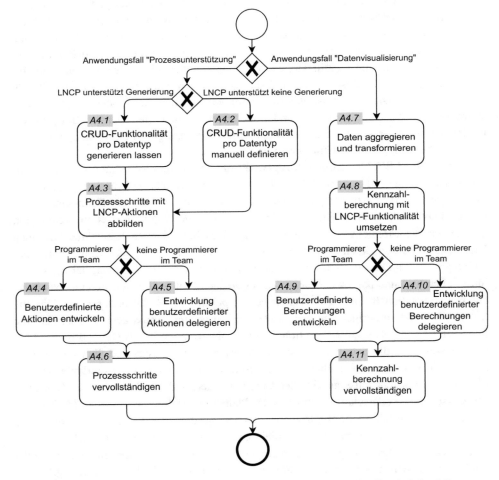

Abb. 5.5 Übersicht über die vierte Entwicklungsphase „Entwicklung der Geschäftslogik"

A4.3 – Prozessschritte mit LNCP-Aktionen abbilden In dieser Aktivität wird mit der Umsetzung der Geschäftslogik für die Anwendung begonnen. Dafür werden jeder Aktivität aus dem in der ersten Phase definierten Prozessmodell eine oder ggf. mehrere Aktionen der LNCP zugeordnet, um die Aktivität zu implementieren. Die Aktionen umfassen interne Aktionen, die innerhalb der LNCP-Umgebung ausgeführt werden (z. B. Anlegen eines Kunden in der Datenbank) und externe Aktionen, die durch den Aufruf von zuvor integrierten Diensten außerhalb der LNCP ausgeführt werden.

A4.4/A4.5/A4.6 – Eigene Aktionen umsetzen Für den Fall, dass eine Aktivität nicht vollständig durch vorgefertigte LNCP-Aktionen implementiert werden kann, muss die Funktionalität der LNCP um benutzerdefinierte, selbstentwickelte Aktionen erweitert werden. Die Entwicklung kann durch ausgebildete Softwareentwickler im Entwicklungsteam erfolgen (A4.4) oder muss bei deren Nichtverfügbarkeit an einen Dienstleister delegiert werden (A4.5). Nach Bereitstellung der Aktionen in der Plattform können diese zur Vervollständigung der Geschäftslogik aus A4.3 verwendet werden (A4.6).

A4.7 – Daten aggregieren und transformieren Die von einer Datenbank oder beispielsweise einem Enterprise Resource Planning (ERP)-System bereitgestellten Daten werden zunächst gefiltert, sodass nur die für die weitere Verarbeitung relevanten Daten in die LNCP übertragen werden. Anschließend werden die Daten aggregiert und in ein Format gebracht, das mit den in der Phase der Anforderungserhebung definierten Visualisierungen dargestellt werden kann.

A4.8 – Kennzahlberechnung umsetzen Die in Phase 1 identifizierten Kennzahlen werden nun mit der von der LNCP bereitgestellten Funktionalität definiert, um statistische Informationen wie Mittelwerte, Mediane oder Regressionslinien zu berechnen.

A4.9/A4.10/A4.11 – Kennzahlberechnung erweitern Analog zu A4.4 – A4.6 bei der Prozessdigitalisierung kann benutzerdefinierte Berechnungsfunktionalität notwendig sein, die entwickelt werden muss und anschließend zur Vervollständigung der Arbeitsergebnisse aus A4.8 genutzt werden kann.

5.9 Phase 5: Umsetzung der Benutzeroberfläche

Einen Überblick über die Entwicklung der Benutzeroberfläche gibt Abb. 5.6. In dieser Phase wird die Benutzeroberfläche der Anwendung konzipiert und umgesetzt, mit der die Endnutzer während der Benutzung der Anwendung interagieren und so die zuvor definierte Geschäftslogik aufrufen.

A5.1 – Mockups in LNCP erstellen Die Erstellung der Benutzeroberfläche beginnt mit der Erstellung von Mockups, welche das Design der Benutzeroberfläche und ggf. aufrufbare Funktionalität skizzenhaft veranschaulichen. Sofern das Entwicklungsteam ausreichend Erfahrung mit der ausgewählten LNCP hat, können diese Mockups direkt in der Plattform umgesetzt werden. Dies hat den Vorteil, dass die Mockups in nachfolgenden Aktivitäten nur noch zur vollständigen Benutzeroberfläche ergänzt werden müssen.

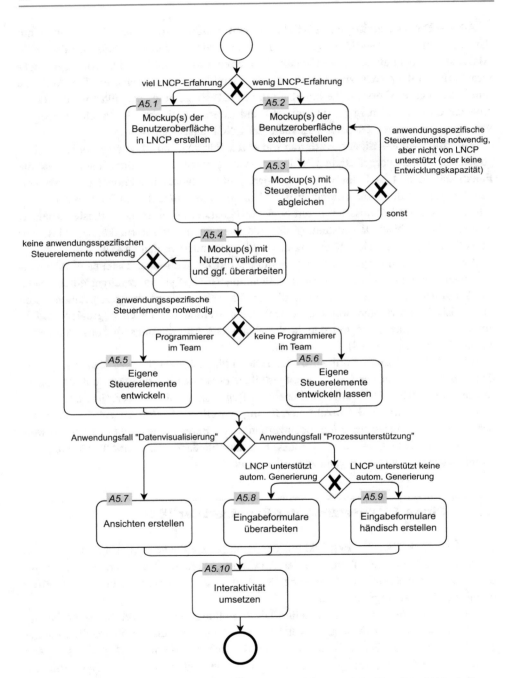

Abb. 5.6 Übersicht über die fünfte Entwicklungsphase „Umsetzung der Benutzeroberfläche"

Dieser Vorteil entfällt jedoch, wenn die Plattform einen Großteil der Benutzeroberfläche ohnehin automatisch generiert (s. auch die spätere Aktivität A5.8).

A5.2/A5.3 – Mockups außerhalb der LNCP erstellen Insbesondere bei wenig Erfahrung mit der ausgewählten LNCP ist es ratsamer, die Mockups zunächst außerhalb der LNCP zu erstellen, um möglichst schnell zu Ergebnissen zu kommen (A5.2). So können Mockups der Einfachheit halber mit Zettel und Stift erstellt werden. Als digitale Alternative eignen sich auch die Komposition grundlegender geometrischer Formen in einer Präsentationssoftware wie *Microsoft PowerPoint* oder einer Diagrammsoftware wie *diagrams.net* oder das Erstellen von Entwürfen in einer dedizierten Software für Interface-Design wie *Figma* oder *Adobe XD*. Diese Vorgehensweise erfordert jedoch, die Mockups anschließend auf ihre Machbarkeit mit den von der LNCP unterstützten Steuerelementen zu untersuchen (A5.3). Sofern anwendungsspezifische Steuerelemente notwendig sind und deren Umsetzung nicht von der ausgewählten LNCP unterstützt wird oder keine Entwicklungskapazitäten dafür zur Verfügung stehen, müssen die Mockups entsprechend überarbeitet werden.

A5.4 – Mockups validieren und ggf. überarbeiten In jedem Fall sollten die erstellten Mockups vor der Umsetzung mit Nutzern der Anwendung validiert werden, um unnötigen Implementierungsaufwand zu vermeiden. Zur Überprüfung der Vollständigkeit können die Nutzer beispielsweise gebeten werden, ihre üblichen (analogen) Tätigkeiten anhand der Mockups durchzuspielen.

A5.5/A5.6 – Anwendungsspezifische Steuerelemente entwickeln Sofern anwendungsspezifische Steuerelemente notwendig sind, können diese bei Vorhandensein von Programmierern im Entwicklungsteam entweder eigenständig umgesetzt werden (A5.5) oder die Entwicklung der Steuerelemente muss an einen Dienstleister vergeben werden (A5.6).

A5.7 – Ansichten erstellen Für den Anwendungsfall der Datenvisualisierung ist es zunächst ausreichend, die verschiedenen Ansichten der Benutzeroberfläche durch Drag-and-Drop der vorhandenen Steuerelemente zu erstellen.

A5.8/A5.9 – Eingabeformulare erstellen In der Regel werden Eingabeformulare für die in Phase 2 definierten Datentypen von gängigen LNCPs generiert. Diese müssen allerdings gegebenenfalls überarbeitet werden, z. B. im Rahmen von Layout-Änderungen, um die Formulare näher an die erstellten Mockups anzugleichen, oder um die Benutzerfreundlichkeit zu verbessern, z. B. durch Umwandlung einer Freitext-Eingabe in eine Listenauswahl mit einer begrenzten Auswahl an Werten (A5.8). Für den Fall, dass die Plattform keine automatische Generierung von Formularen unterstützt, müssen die Formulare händisch erstellt werden (A5.9).

A5.10 – Interaktivität definieren Zum Ende der Phase wird die Interaktivität der Benutzeroberfläche definiert. Dies ist primär für den Anwendungsfall der Prozessdigitalisierung wichtig, um beispielsweise das Verhalten der Eingabeformulare auf Basis der

zuvor implementierten Geschäftslogik zu definieren. Aber auch für den Anwendungsfall der Datenvisualisierung kann Interaktivität zum Wechsel zwischen verschiedenen
Ansichten von Bedeutung sein.

5.10   Phase 6: Qualitätssicherung

In der letzten Phase der vorgeschlagenen Methode wird die Qualität der entwickelten Anwendung bewertet. Dazu werden die in der ersten Entwicklungsphase definierten
Anforderungen herangezogen. Ein Überblick über die Phase ist in Abb. 5.7 dargestellt.
Die nachfolgenden Erklärungen gehen davon aus, dass eigenständig entwickelter Code
bereits im Rahmen der zugehörigen Entwicklung ausreichend getestet wurde. Alle während der Qualitätssicherung aufgedeckten Fehler können behoben werden, indem die
vorherige Aktivität, bei der der Fehler entstanden ist, erneut durchgeführt wird und alle
nachfolgenden, abhängigen Aktivitäten wiederholt werden.

A6.1 – Testumgebung konfigurieren Zunächst sollte eine Testumgebung für die
Anwendung konfiguriert werden, die von den produktiv eingesetzten Systemen isoliert ist.
Für die Anwendung inklusive intern verwalteter Daten wird dies von den marktführenden
Plattformen in der Regel unmittelbar unterstützt. Allerdings ist ebenfalls eine Kontrolle
für Seiteneffekte der integrierten Dienste zu berücksichtigen, die über Konnektoren an die
entwickelte Anwendung angebunden wurden.

A6.2 – Unit-Tests implementieren Die in den nachfolgenden Aktivitäten beschriebenen Tests werden auf Basis der Benutzeroberfläche durchgeführt. Sie setzen also voraus
bzw. überprüfen, dass die Integration aller Anwendungskomponenten korrekt funktioniert.
Bei einer hohen Anwendungskomplexität ist es sinnvoll, die Anwendungskomponenten in
sogenannten Unit-Tests vorab isoliert auf ihre Funktionsweise zu überprüfen (sofern die
ausgewählte LNCP dies unterstützt). So ist es möglich, die Korrektheit von Komponenten
vorab festzustellen und Fehlverhalten in nachfolgenden Tests auf das Zusammenspiel von
Komponenten zurückzuführen. Für Unterstützung bei der Definition und Umsetzung von
Unit-Tests sei an dieser Stelle auf Khorikov (2020) verwiesen.

A6.3 – Happy-Path-Testfälle definieren Wenn die entwickelte Anwendung keine hohe
Geschäftskritikalität aufweist, kann es ausreichend sein, ein einfaches Happy-Path Testing
durchzuführen. Dabei wird sichergestellt, dass die Anwendung bei korrekter Nutzung
mit einem beispielhaften, validen Datensatz die geforderte Funktionalität bereitstellt. Sie
bieten allerdings keine Garantie, dass sich die Anwendung für andere Werte ebenfalls
gemäß den Anforderungen verhält.

A6.4 – Äquivalenzklassentestfälle definieren Sofern die entwickelte Anwendung eine
hohe Geschäftskritikalität besitzt, sollte das zuvor beschriebene Happy-Path Testing auf
zusätzliche Datensätze erweitert werden. Diese Datensätze sollten so gewählt werden, dass
verschiedene Äquivalenzklassen im Verhalten abgedeckt werden. Wenn sich die Anwendung beispielsweise für einen eingegebenen negativen Zahlenwert anders verhalten soll

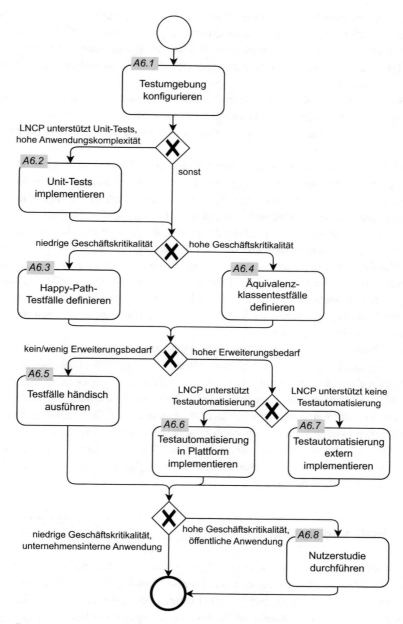

Abb. 5.7 Übersicht über die sechste Entwicklungsphase „Qualitätssicherung"

als für einen positiven Wert, sollte der Wert auch in einem Datensatz einen positiven Wert unmittelbar nach und in einem anderen Datensatz einen negativen Wert unmittelbar vor dem Grenzwert, der zum Verhaltenswechsel führt, annehmen. Zur Definition der Äquivalenzklassen sind neben den Anforderungen auch die Dokumentationen der Datentypen aus Phase 2 hilfreich.

A6.5 – Testfälle händisch ausführen Die zuvor definierten Testfälle können händisch auf Basis der Anwendung in der Testumgebung ausgeführt werden, wenn dies aufgrund eines geringen Erweiterungsbedarfs der Anwendung erwartungsgemäß nicht bzw. nicht häufig wiederholt werden muss.

A6.6/A6.7 – Testautomatisierung implementieren Werden ein langfristiger Einsatz und ein damit häufig einhergehender regelmäßiger Änderungsbedarf für die Anwendung erwartet, ist es lohnenswert, die Ausführung der zuvor definierten Testfälle zu automatisieren. Dies kann beispielsweise durch eine Rekorder-Funktionalität in der LNCP erreicht werden (A6.4), die Interaktionen in der Benutzeroberfläche aufzeichnet und erneut abspielt (vgl. *Test Studio*[5] von der LNCP *Microsoft PowerApps*). Wenn die ausgewählte Plattform dies nicht unterstützt, kann vergleichbare Funktionalität auch außerhalb der LNCP umgesetzt werden (A6.5), beispielsweise durch *Selenium IDE* für die in der Regel generierten Web-Anwendungen. Je nach Komplexität des eingesetzten Werkzeugs bedarf die Einrichtung solcher Werkzeuge jedoch die Unterstützung durch ausgebildete Entwickler bzw. Softwaretester.

A6.8 – Nutzerstudie durchführen Zusätzlich zu den zuvor beschriebenen Qualitätssicherungsmechanismen ist es bei einer öffentlichen, geschäftskritischen Anwendung sinnvoll, dass Endnutzer die Anwendung vor der Veröffentlichung ausprobieren und Feedback geben. Dadurch werden zudem mögliche Fehler in der Anwendungsdokumentation aufgedeckt und Informationen zur subjektiven Bedienbarkeit der Anwendung erhoben. Die Größe der Nutzergruppe sollte nach Geschäftskritikalität der Anwendung gewählt werden. Da eine umfangreiche Nutzerstudie potenziell ein komplexes Unterfangen ist, sei an dieser Stelle für weitere Informationen auf einschlägige Literatur wie Stoessel (2002) oder Hertzum (2020) verwiesen.

5.11   Fazit und Ausblick

Mit der vorangehenden Entwicklungsmethode wurde eine Möglichkeit aufgezeigt, um die von aktuellen LNCPs versprochenen Vorteile hinsichtlich effizienter und effektiver Anwendungsentwicklung umzusetzen. Dabei werden beispielsweise mit den Phasen „Anforderungserhebung" und „Qualitätssicherung" auch Aspekte der Entwicklung abgedeckt, die derzeit von marktführenden LNCPs nicht oder nur ansatzweise unterstützt werden. Mit insgesamt 56 Aktivitäten über 6 Phasen ist die Methode bereits einerseits sehr

---

[5] https://learn.microsoft.com/en-us/power-apps/maker/canvas-apps/working-with-test-studio (Abgerufen am 28.02.2023).

umfangreich. Unter anderem durch die hohe Innovationsgeschwindigkeit der LNCPs zeigt die praktische Anwendung und theoretische Diskussion der Methode mit Low-Code-Anwendern und -Experten andererseits immer wieder neue Erweiterungsmöglichkeiten auf. Diese sind nachfolgend unter den Schlagworten Erweiterung des Entwicklungszyklus und zusätzliche Agilität zusammengefasst.

Erweiterung des Entwicklungszyklus

Die bisherigen Erklärungen fokussieren sich auf die Neuentwicklung einer Softwareanwendung, sodass diese nach Abschluss der Phase „Qualitätssicherung" (unternehmensintern oder -extern) veröffentlicht werden kann. Die Veröffentlichung selbst stellt in der Regel keine große Herausforderung dar, da die meisten Plattformen ein One-Click Deployment, also die Veröffentlichung der Anwendung mit einem Mausklick ermöglichen. Nichtsdestotrotz stellt sich bei den meisten Anwendungen im weiteren Verlauf ein Wartungsbedarf ein. Die Umsetzung von Änderungen an der entwickelten Anwendung kann grundsätzlich analog zum beschriebenen Vorgehen verlaufen (vgl. auch die Adressierung von Fehlern durch Zurückspringen in vorherige Aktivitäten im vorherigen Abschnitt), allerdings ist zu überprüfen, ob vereinzelte Aktivitäten weggelassen oder vereinfacht werden können.

Zusätzliche Agilität

Die vorgestellte Entwicklungsmethode weist durch die berücksichtigten situativen Faktoren bereits eine grundlegende Agilität auf. Diese Agilität beschränkt sich jedoch auf die Ausführung von Aktivitäten. Darüber hinaus ist es ebenfalls möglich, in bestimmten Situationen auch die Reihenfolge von Phasen zu adaptieren. Wenn die LNCP beispielsweise ausschließlich für Throw-away-Prototyping eingesetzt wird, also nur zum grundlegenden Ausprobieren eines Geschäftsprozesses entwickelt und danach verworfen wird, kann beispielsweise auf eine Integration mit externen Systemen (Phase 3) verzichtet werden. Für Fachexperten ist die Benutzeroberfläche häufig greifbarer als die Spezifikation der Geschäftslogik, sodass die Umsetzung der Benutzeroberfläche in einem solchen Fall vorgezogen werden kann. Dies ist allerdings nicht zwangsläufig empfehlenswert, da die abbildbare Geschäftslogik aufgrund der notwendigen Einschränkungen durch LNCPs zum Erreichen eines geeigneten Abstraktionsgrads für Fachexperten limitiert ist und deutlich häufiger eine Herausforderung darstellt, die im schlimmsten Fall zu einem Abbruch des Entwicklungsprojekts und der Entwertung vorangehender Ergebnisse führen kann. Über die adaptive Ausführung von Phasen hinaus ist derzeit in der Methode noch nicht dargestellt, welche Aktivitäten parallel ausgeführt werden können. Beispielsweise muss nicht zwangsläufig auf die Fertigstellung der Konnektorentwicklung gewartet werden, um schon einmal die Benutzeroberfläche aus den zuvor dokumentierten Datentypen zu generieren.

Literatur

Bekkers W, van de Weerd I, Brinkkemper S, & Mahieu, A (2008) The Influence of Situational Factors in Software Product Management. In: 2008 Second International Workshop on Software Product Management. IEEE, S 41–48. https://doi.org/10.1109/IWSPM.2008.8

Dumas M, La Rosa M, Mendling J, Heijers H (2021) Grundlagen des Geschäftsprozessmanagements. Springer. https://doi.org/10.1007/978-3-662-58736-2

Fazal-Baqaie M (2016) Project-Specific Software Engineering Methods. Universität Paderborn.

Henderson-Sellers B, Ralyté J, Ågerfalk PJ, Rossi M (2014) Situational Method Engineering. Springer. https://doi.org/10.1007/978-3-642-41467-1

Hertzum M. (2020) Usability Testing. Springer. https://doi.org/10.1007/978-3-031-02227-2

Khalifa M, Verner JM (2000) Drivers for Software Development Method Usage. IEEE Transactions on Engineering Management, 47(3):360–369. https://doi.org/10.1109/17.865904

Khorikov V (2020) Unit Testing Principles, Practices, and Patterns. Manning Publications.

Kirchhoff J, Weidmann N, Sauer S, Engels G (2022) Situational Development of Low-Code Applications in Manufacturing Companies. In: Proceedings of the 25th International Conference on Model Driven Engineering Languages and Systems: Companion Proceedings. Association for Computing Machinery, S 816–825. https://doi.org/10.1145/3550356.3561560

Kusay-Merkle U (2018) Themes, Epics, Features, User Stories, Tasks. In: Agiles Projektmanagement im Berufsalltag. Springer, S 149–159. https://doi.org/10.1007/978-3-662-62810-2_12

Michl T (2018) Die User Story – eine agile Form der Aufgabendefinition. In: Agile Verwaltung. Springer, S 137–142. https://doi.org/10.1007/978-3-662-57699-1_13

Stoessel S (2002) Methoden des Testings im Usability Engineering. In: Usability. Springer, S 75–96. https://doi.org/10.1007/978-3-642-56377-5_6

Erfolgreiche Auswahl und Einführung einer Low-Code-Plattform bei ISRINGHAUSEN – eine Fallstudie

6

Alexander Nikolenko, Benjamin Adrian, Sven Hinrichsen, Michael Rohrig und Nils Weidmann

Inhaltsverzeichnis

A. Nikolenko (✉) · B. Adrian · S. Hinrichsen
Labor für Industrial Engineering, Technische Hochschule Ostwestfalen-Lippe (TH OWL), Lemgo, Deutschland
E-Mail: alexander.nikolenko@th-owl.de

B. Adrian
E-Mail: benjamin.adrian@th-owl.de

S. Hinrichsen
E-Mail: sven.hinrichsen@th-owl.de

M. Rohrig
ISRINGHAUSEN GmbH & Co. KG, Lemgo, Deutschland
E-Mail: Michael.Rohrig@isri.de

N. Weidmann
Software Innovation Lab, Universität Paderborn, Paderborn, Deutschland
E-Mail: nils.weidmann@uni-paderborn.de

© Der/die Autor(en), exklusiv lizenziert an Springer-Verlag GmbH, DE, ein Teil von Springer Nature 2023

S. Hinrichsen et al. (Hrsg.), *Prozesse in Industriebetrieben mittels Low-Code-Software digitalisieren,* Intelligente Technische Systeme – Lösungen aus dem Spitzencluster it's OWL, https://doi.org/10.1007/978-3-662-67950-0_6

Zusammenfassung

Das Unternehmen ISRINGHAUSEN ist einer der weltweit führenden Hersteller von innovativen Sitzsystemen für die Automobil- und Nutzfahrzeugindustrie. Um einzelne Geschäftsprozesse zügig digitalisieren und optimieren zu können, wurde entschieden, künftig eine Low-Code-Plattform zur schnellen Entwicklung von Anwendungsprogrammen zu nutzen. Da eine große Anzahl an Plattformen am Markt verfügbar ist, stand das Unternehmen vor der Herausforderung, eine Plattform auszuwählen, die den spezifischen Anforderungen des Unternehmens in hohem Maße gerecht wird. Der Prozess der Auswahl und Einführung der Plattform orientierte sich dabei an dem in Kap 3 beschriebenen Vorgehensmodell. Die praktische Erprobung der ausgewählten Low-Code-Plattform erfolgte über die Programmierung einer Anwendung zur Beantragung, Prüfung und Freigabe von Verlagerungsanträgen. Im Ergebnis konnten die Erwartungen an die Optimierung dieses Prozesses mithilfe der ausgewählten Low-Code-Plattform vollumfänglich erfüllt werden.

6.1   Phase1: Analyse der Ausgangssituation und Klären des Projektrahmens

Das Unternehmen ISRINGHAUSEN mit Hauptsitz in Lemgo wurde 1919 gegründet und ist heute einer der weltweit führenden Hersteller im Bereich der Entwicklung und Fertigung innovativer Sitzsysteme sowie technischer Federn. ISRINGHAUSEN ist Teil der AUNDE Group, die zu den 100 größten Automobilzulieferern der Welt gehört. Zu den Kunden von ISRINGHAUSEN zählen vor allem Automobil- und Nutzfahrzeughersteller. Im Unternehmen sind weltweit etwa 7000 Beschäftigte in 53 Werken und Niederlassungen tätig. Die Jahresproduktion umfasst rund vier Millionen Sitzsysteme.

Das Unternehmen ISRINGHAUSEN legt großen Wert darauf, zukunftsweisende Lösungen im Rahmen der Digitalisierung einzusetzen. Dabei ist die Einführung einer für das Unternehmen geeigneten Low-Code-Plattform von großem Interesse. Von dem Einsatz einer solchen Plattform verspricht sich das Unternehmen, die Hürden für die Programmierung von betriebsspezifischer Anwendungssoftware in Zukunft deutlich zu senken. So sollen ausgewählte Beschäftigte aus Fachabteilungen – wie etwa dem Industrial Engineering – die Möglichkeit erhalten, Anwendungssoftware zu entwickeln, ohne über umfangreiche Erfahrungen mit höheren Programmiersprachen („Third Generation Language" – 3GL) zu verfügen (s. Kap. 1). Neben der Zeitersparnis bei der Programmierung sollen mit der Low-Code-Programmierung auch personelle Engpässe bei der Umsetzung von IT-Projekten vermieden werden. Daher wurde das Ziel formuliert, mittels des entwickelten Vorgehensmodells (s. Kap. 3) eine geeignete Low-Code-Plattform zu identifizieren und einen ersten Prozess mittels dieser Plattform zu digitalisieren. Die Ergebnisse wurden in diesem Kapitel als Fallstudie aufbereitet.

Nach der Definition der Zielsetzung des Projektes wurde ein Projektteam für die Umsetzung zusammengestellt. Das Team bestand aus Beschäftigten des Unternehmens ISRINGHAUSEN sowie weiteren Projektbeteiligten des Pro-LowCode-Projektes. Dabei lag der Schwerpunkt der Firmenmitarbeiter insbesondere auf der Anforderungsermittlung und Optimierung eines ausgewählten Geschäftsprozesses, während die übrigen Projektteilnehmer sich auf die technische Umsetzung fokussiert haben. Zur Strukturierung des Projekts wurde ein Meilensteinplan erstellt. Der Meilensteinplan sollte Verschiebungen transparent und die Auswirkungen für alle Beteiligten auf einen Blick sichtbar machen. Die einzelnen Meilensteine orientierten sich am Vorgehensmodell zur Auswahl und Einführung einer Low-Code-Plattform (s. Kap. 3), sodass für jede der sechs Phasen ein Meilenstein definiert wurde. Entsprechend waren in der ersten Phase die Rahmenbedingungen des Projekts zu klären (Meilenstein 1), in der zweiten Phase mögliche Anwendungsfälle zu bestimmen und Anforderungen an eine geeignete Low-Code-Plattform zu definieren (Meilenstein 2). Am Ende der dritten Phase sollte eine Vorauswahl (Meilenstein 3) und am Ende der vierten Phase eine finale Auswahl der Low-Code-Plattform erfolgen (Meilenstein 4). Die letzten beiden Meilensteine beinhalteten die Einführung der Low-Code-Plattform (Meilenstein 5) und die Evaluierung des gesamten Projekts (Meilenstein 6).

6.2   Phase 2: Beschreiben von Anwendungsfällen und Ermitteln von Anforderungen

In der zweiten Phase des Projektes wurden zunächst potenzielle Anwendungsfälle identifiziert. Zu diesem Zweck wurden innerhalb des Projektteams mehrere Workshops durchgeführt. Ziel war es herauszufinden, welche Prozesse im Unternehmen für eine Digitalisierung mittels Low-Code-Programmierung prinzipiell infrage kommen. Dabei wurden in den Workshops zwei Anwendungsfälle identifiziert, die besonderes Potenzial für den Einsatz einer Low-Code-Plattform boten. Zum einen beabsichtigte ISRINGHAUSEN, eine eigene Anwendung zum Druck von Etiketten für die interne Produktion zu erstellen. Zum anderen wurde in der Diskussion deutlich, dass ein Prozess zur Beantragung, Prüfung und Freigabe von Verlagerungen von wertschöpfenden Prozessen unter der Nutzung von Werkzeugen, Maschinen oder Geräten an einen anderen Standort Verbesserungspotenziale aufweisen würde, die mittels einer Low-Code-Anwendung erschlossen werden könnten.

Um diese möglichen Anwendungsfälle im Detail zu beschreiben und gleichzeitig Anforderungen an eine Low-Code-Plattform zu ermitteln, wurden Experteninterviews anhand eines ausgearbeiteten Interviewleitfadens durchgeführt. Der Interviewleitfaden gliedert sich in fünf Teile. Der erste Teil zielt darauf ab, die Bedeutung des Prozesses zu erkennen, diesen auf einer Makroebene zu beschreiben und einzuordnen. Der zweite Teil des Leitfadens hat zum Zweck, den Prozess im Detail darzustellen, indem die einzelnen Schritte sowie die jeweils ausführenden Funktionen und Stellen dokumentiert werden. Dabei wird insbesondere darauf eingegangen, wie Informationen übermittelt und gespeichert werden. Abschließend werden die Prozessschritte kenntlich gemacht, deren Ausführung künftig über eine zu programmierende Low-Code-Anwendung unterstützt werden soll. Im dritten Teil des Interviews werden Prozesskennzahlen identifiziert. Mittels dieser Kennzahlen (z. B. Durchlaufzeit, Arbeitsproduktivität, Fehlerquote) kann nach Einführung der Low-Code-Software ihr Nutzen evaluiert werden. Im vierten Teil des Interviewleitfadens werden die prozessübergreifenden Anforderungen des Unternehmens an eine Low-Code-Plattform thematisiert (s. Abschn. 3.6 zu typischen Anforderungen und Kriterien). Im abschließenden fünften Teil werden die Rahmenbedingungen für eine erfolgreiche Implementierung der Low-Code-Plattform ermittelt. Insgesamt wurden fünf Interviews mit Prozessverantwortlichen des Unternehmens ISRINGHAUSEN geführt.

Der erste in den Interviews analysierte Anwendungsfall bezog sich auf den Druck von Etiketten für die interne Produktion. Dieser Prozess galt als administrativ aufwendig. Ziel war es daher, die Gestaltung und Änderung der Dokumente durch eine einfache, von allen Mitarbeitern nutzbare Programmierung zu beschleunigen und die Daten über eine standardisierte Programmierschnittstelle (API) zu integrieren. Für die konkrete Umsetzung der Low-Code-Anwendung zum Erstellen und Drucken von Etiketten haben sich seitens ISRINGHAUSEN mehrere Anforderungen ergeben. Insbesondere sollte die Software für den Nutzer einfach anwendbar sein, unverzüglich den Druck ermöglichen und in die entsprechenden IT-Systeme eingebunden werden können.

Der zweite analysierte Anwendungsfall bezog sich auf den Prozess der Beantragung, Prüfung und Freigabe von Verlagerungen. Bei der Verlagerung von wertschöpfenden Prozessen an einen anderen Standort ist bei ISRINGHAUSEN ein Begleitformular auszufüllen. Neben dem Antrag auf Verlagerung, einer Machbarkeitsanalyse, der Berechnung des wirtschaftlichen Nutzens sowie des Kundennutzens wird auf diesem Formular auch die Genehmigung der Geschäftsleitung dokumentiert. Neben der physischen Verlagerung ist eine Reihe administrativer Tätigkeiten durchzuführen, die in dem Dokument festgehalten werden. Dieser administrative Aufwand hat infolge der Internationalisierung des Unternehmens deutlich zugenommen. Als wesentliche Nachteile des bestehenden Prozesses wurden – neben den administrativen Aufwänden und der mitunter langen Durchlaufzeit des Prüf- und Genehmigungsprozesses – die mangelnde Transparenz und Übersichtlichkeit zu allen laufenden Verlagerungsprozessen angeführt. Darüber hinaus wurde bemängelt, dass bei temporären Verlagerungen von Werkzeugen, Maschinen oder Geräten der gesamte Prozess nach Ablauf der Zeit erneut durchlaufen werden müsse. Dabei fehle eine Erinnerungsfunktion.

Von der zu entwickelnden Software versprachen sich die Befragten insbesondere, dass die Durchlaufzeit für die Prüf- und Genehmigungsprozesse verkürzt und der administrative Aufwand reduziert werde. Zusammengefasst sollte die angestrebte Softwarelösung folgende Anforderungen erfüllen:

- Es soll Transparenz mittels einer Übersicht zu allen laufenden Vorgängen geschaffen werden.
- Wenn ein Teilprozess abgeschlossen ist (z. B. die Genehmigung durch eine Abteilung erteilt wurde), soll der Folgeprozess bzw. die ausführende Stelle automatisch benachrichtigt werden, damit zügig mit dem anstehenden Vorgang begonnen werden kann.
- Es soll eine Erinnerungsfunktion für temporäre und nicht bearbeitete Verlagerungsanträge in der Software berücksichtigt werden.
- Es sollen sowohl interne als auch externe Verlagerungen abgebildet werden.
- Freigaben sollen über die Nutzung der Anwendung erfolgen.
- Idealerweise soll die Anwendung webbasiert (im Browser benutzbar) sein.
- Eine Rollenverteilung soll vorhanden sein (Administratoren und User). Administratoren sollten berechtigt sein, Softwareanpassungen bei Prozessänderungen vorzunehmen.
- Dateien müssen „angehängt" werden können.
- Benutzerdialoge sollten auch in englischer Sprache verfügbar sein, damit die Software standortübergreifend genutzt werden kann.

Im Hinblick auf die auszuwählende Low-Code-Plattform wurden von den Befragten unterschiedliche Anforderungen genannt. So wurde etwa angeführt, dass es hilfreich sein könne, eine Low-Code-Plattform von einem Softwareanbieter auszuwählen, von dem das Unternehmen bereits Standardsoftware nutze, da die Beschäftigten in diesem Fall mit dem Softwarekonzept prinzipiell vertraut seien und Schnittstellenprobleme zu IT-Systemen vermieden werden könnten. Dagegen wurden andere Kriterien wie die verfügbaren Sprachen als weniger wichtig und der kostenlose Support als gar nicht wichtig eingestuft (da nur die Gesamtkosten relevant seien). Als wichtiges Kriterium wurden zudem die einmaligen und laufenden Kosten für die Nutzung der Low-Code-Plattform angesehen.

Die Rahmenbedingungen für eine Einführung einer Low-Code-Plattform wurden als günstig eingestuft, da einzelne Beschäftigte bereits erste Erfahrungen mit der Low-Code-Programmierung sammeln konnten und wirtschaftliche Potenziale für eine Digitalisierung von Prozessen mittels Low-Code-Software von den Befragten gesehen wurden.

6.3 Phase 3: Vorauswahl der Low-Code-Plattform

Nach der Ermittlung möglicher erster Anwendungsfälle und wesentlicher Anforderungen an eine Low-Code-Plattform bestand der nächste Schritt darin, auf Basis der Anforderungen eine Vorauswahl von Low-Code-Plattformen vorzunehmen. Wie in Kap. 3 ausgeführt, kann es vorteilhaft sein, eine Low-Code-Plattform von einem marktführenden Anbieter auszuwählen. Daher wurden in dem Projekt die Marktanalysen von Forrester Research und Gartner herangezogen, da diese Informationen zum Marktanteil von Low-Code-Plattformen enthalten. Der „Magic Quadrant for Enterprise Low-Code Application

Platforms" (Vincent et al. 2020) listet insgesamt 17 Low-Code-Plattformen auf und unterteilt diese in Nischenanbieter („Niche Players"), Visionäre („Visionaries"), Herausforderer („Challengers") und Marktführer („Leaders"). In die engere Auswahl für ISRINGHAUSEN kamen ausschließlich die von Gartner vorgeschlagenen Marktführer. So standen laut Gartner die Low-Code-Plattformen der Anbieter Salesforce, OutSystems, Microsoft, Mendix, Appian und ServiceNow zur Auswahl.

Abweichend von Gartner unterteilen die Analysten von Forrester Research in ihrer Reihe „The Forrester Wave" (Koplowitz und Rymer 2019) Low-Code-Plattformen zunächst in vier Marktsegmente: 1) Plattformen für Entwickler aus Fachabteilungen, 2) Plattformen für professionelle Anwendungsentwickler, 3) Plattformen zur Prozessautomatisierung für breite Implementierungen und 4) Plattformen zur Prozessautomatisierung für tiefgehende Implementierung. Weitere Informationen zur Klassifizierung befinden sich in Kap. 3. Die in diese vier Segmente eingeteilten Low-Code-Plattformen werden von Forrester Research – ähnlich wie bei Gartner – ausgehend von ihrem aktuellen Angebot und dem Reifegrad ihrer Strategie in vier Kategorien eingestuft: Herausforderer („Challengers"), Mitbewerber („Contenders"), starker Anbieter („Strong Performers") und Marktführer („Leaders") (Bratincevic und Koplowitz 2021). Im Ergebnis des Dialogs bei ISRINGHAUSEN fiel die Auswahl auf das Marktsegment „Plattformen für professionelle Anwendungsentwickler", da entsprechende Erfahrungen im Unternehmen vorhanden sind. Dabei wurden wiederum nur die als marktführend eingestuften Anbieter berücksichtigt. Diese sind Mendix, Microsoft, OutSystems und ServiceNow. Im Ergebnis wurden im Projektteam die folgenden Anbieter vorausgewählt: Appian, Mendix, Microsoft, OutSystems, Salesforce und ServiceNow.

6.4   Phase 4: Finale Auswahl der Low-Code-Plattform

Von den vorausgewählten Plattformen sollte in dieser Phase diejenige final ausgewählt werden, die die Anforderungen des Unternehmens am besten erfüllt. Dazu wurden die in Phase 2 identifizierten Anforderungen in Kriterien umgewandelt, anhand derer die vorausgewählten Low-Code-Plattformen miteinander verglichen wurden. Ein wichtiges Kriterium für das Unternehmen waren dabei die Kosten einer dauerhaften Nutzung der Plattform. Um die unterschiedlichen Kostenstrukturen der Anbieter zu vergleichen, wurde das durchschnittlich abgerechnete Paket pro Monat und pro Nutzer herangezogen. Ebenso wurden alle Werte zur besseren Vergleichbarkeit in Euro angegeben. Für eine hohe Anzahl von Anwendern haben sich die Anbieter Microsoft (PowerApps), OutSystems und Mendix als vorteilhaft erwiesen. Als weitere wichtige Anforderung wurde in den Interviews angeführt, eine Low-Code-Plattform von einem Softwareanbieter auszuwählen, von dem das Unternehmen bereits Standardsoftware nutzt. Durch Berücksichtigung dieser Anforderungen sollte eine einfache Integration in die IT-Infrastruktur und eine hohe Akzeptanz bei Fachanwendern gewährleistet werden. Ausgehend von diesem Kriterium wurde die

Plattform von OutSystems bei der Auswahl nicht weiter berücksichtigt. Produkte von Microsoft werden hingegen umfangreich im Unternehmen genutzt. Die Software von Mendix wurde – obwohl nicht direkt in der Anwendung – weiter im Auswahlprozess berücksichtigt, da Mendix ein SAP Solution Extensions Partner ist. Darüber hinaus sind die Produkte von Mendix Bestandteil der SAP-Roadmap. Es standen also noch die beiden Plattformen Mendix und PowerApps zur Auswahl.

Für den finalen Vergleich der beiden Plattformen wurde eine tabellarische Gegenüberstellung gewählt. Dazu wurden die in den Publikationen von Farshidi et al. (2021), Born (2019), Sahay et al. (2020) ausgearbeiteten Tabellen verwendet, die mehrere Low-Code-Plattformen anhand verschiedener Kriterien analysieren. Anhand des Vergleichs konnte festgestellt werden, dass sowohl die Plattform des Anbieters Siemens (Mendix) als auch die des Anbieters Microsoft (PowerApps) für eine Implementierung in die Systemlandschaft von ISRINGHAUSEN geeignet sind. Beide Plattformen decken die relevanten Funktionen für die Umsetzung der beiden Use Cases ab und bieten darüber hinaus ausreichende Möglichkeiten zur Digitalisierung weiterer Prozesse. Zum besseren Vergleich der beiden Plattformen wurde daher eine Testversion der beiden Plattformen installiert und einen Monat lang evaluiert. Nach Durchführung der Produkttests fiel die Wahl schließlich auf die PowerApps-Plattform von Microsoft, auch aufgrund der Nutzung von Office365 im Unternehmen.

6.5   Phase 5: Einführung der Low-Code-Plattform

In der fünften Phase erfolgte die Einführung der Plattform Microsoft PowerApps, indem ein erster Anwendungsfall in Form eines Leuchtturmprojekts umgesetzt wurde. Als Anwendungsfall wurde die Entwicklung des in Abschn. 6.2 beschriebenen Beantragungs-, Prüf- und Freigabeprozesses für Verlagerungen ausgewählt. Die Digitalisierung dieses Prozesses konnte mittels PowerApps erfolgreich umgesetzt werden. Im Folgenden werden die Funktionen der realisierten Anwendung kurz beschrieben.

Nach dem Start der App wird der Benutzer auf den Anmeldebildschirm geführt. Es ist eine Anmeldung mit Benutzerkennung und Passwort erforderlich, um unberechtigte Zugriffe zu verhindern und eine eindeutige Identifizierung des Benutzers zu gewährleisten. Verfügt der Nutzer noch über keine Login-Daten, kann er über eine Schaltfläche Login-Daten beantragen. Darüber hinaus kann über den Button „Passwort vergessen" ebenfalls ein neues Passwort angefordert werden. Nach der Anmeldung kann der Benutzer zwischen den Optionen „Verlagerungsantrag erstellen", „Verlagerungsanträge bearbeiten" oder „Status der Verlagerungsanträge anzeigen" wählen. Die Bearbeitung der Verlagerungsanträge beschränkt sich auf die vom Antragsteller erstellten Verlagerungsanträge. Der Antragsteller kann die von ihm vorgenommenen Einträge überprüfen. Ferner ist ersichtlich, welche Abteilungen bzw. Stellen bereits eine Beurteilung zum Antrag vorgenommen haben bzw. ob Freigaben durch Betriebsleiter, Produktionsleiter

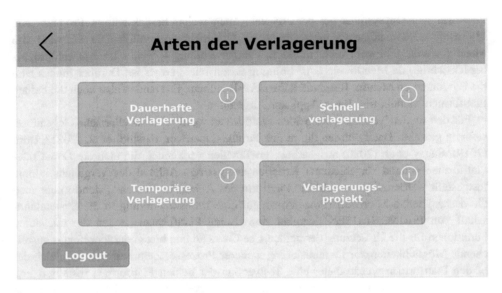

Abb. 6.1 Screenshot der Auswahl von Verlagerungen

und Geschäftsführer bereits erfolgt sind. Um einen neuen Verlagerungsantrag zu erstellen, muss der Benutzer zunächst die Art der Verlagerung auswählen (s. Abb. 6.1). Dabei muss der Nutzer entscheiden, ob eine „Dauerhafte Verlagerung", „Temporäre Verlagerung", „Schnellverlagerung" oder ein „Verlagerungsprojekt" vorliegt.

Jede Verlagerungsart ist mit einer kurzen Beschreibung versehen, die durch Anklicken des umrandeten „i" angezeigt werden kann. Diese Zusatzinformationen erleichtern dem Nutzer die Wahl der richtigen Verlagerungsart. Bei der Auswahl einer dauerhaften Verlagerung ist es z. B. nicht möglich, das Anfangs- oder Enddatum auszuwählen. Bei der Erstellung eines Verlagerungsprojekts muss zusätzlich zum Verlagerungsantrag ein Projektantrag gestellt werden, der die Einhaltung verschiedener Kriterien erfordert, die über den Verlagerungsantrag hinausgehen.

Unabhängig von der Art der Verlagerung wird nach Eingabe aller erforderlichen Informationen (s. Abb. 6.2) eine automatische E-Mail mit einem Link zur Bewertung an die am Prozess beteiligten Stellen gesendet. Durch Anklicken des Links werden die Verantwortlichen zu einer Ansicht weitergeleitet, die nur über den gesendeten Link erreichbar ist. Den verantwortlichen Personen stehen dann zwei Optionen zur Verfügung. Zum einen kann eine Bewertung dieses neuen Antrages vorgenommen werden. Zum anderen besteht die Möglichkeit, die bereits gemachten Angaben zu einem bewerteten Verlagerungsantrag zu ändern. Sobald alle an der Verlagerung beteiligten Fachabteilungen eine Bewertung abgegeben haben, wird automatisch eine E-Mail mit einem Link an das Controlling gesendet. Außerdem wird der Antragsteller, ebenfalls per E-Mail, über die erfolgten Bewertungen informiert. Im Unterschied zu den anderen Abteilungen, in denen die Verantwortlichen

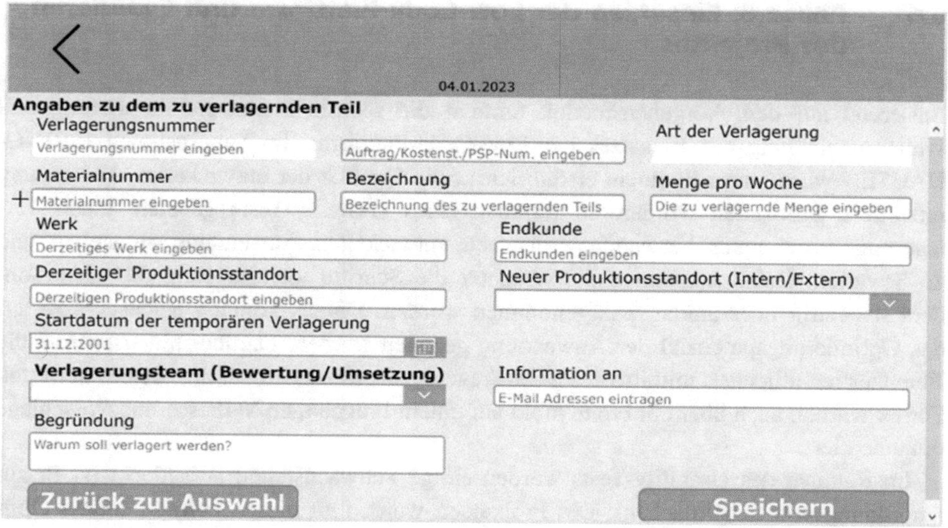

Abb. 6.2 Screenshot der Ansicht zur Angabe der Informationen zu dem zu verlagernden Teil

je nach Art der Verlagerung variieren können, ist im Controlling ein Mitarbeiter für die Prüfung der Wirtschaftlichkeit der Verlagerung verantwortlich. Sobald dieser Mitarbeiter seine Auswertung abgeschlossen hat, wird automatisch eine E-Mail mit einem Link an den Produktions- und Werkleiter verschickt.

Werk- und Produktionsleiter können keine Bewertung vornehmen. Vielmehr erfolgt die Genehmigung oder Ablehnung unter Berücksichtigung der bereits vorgenommenen Bewertungen. Das Gleiche gilt für die Genehmigung des Geschäftsführers. Dieser wird durch eine automatische E-Mail mit einem entsprechenden Link kontaktiert. Wie der Werk- oder Produktionsleiter hat auch der Geschäftsführer die Möglichkeit, die Trackingliste (Statusübersicht über die bereits erfolgten Bewertungen der Fachabteilungen) einzusehen, um auf dieser Basis einen Verlagerungsantrag zu genehmigen oder abzulehnen. Der Antragsteller wird nach jeder erteilten Genehmigung benachrichtigt. Liegen alle Genehmigungen vor, wird eine Information in Form einer automatischen E-Mail an das gesamte Team gesendet, sodass die physische Verlagerung des Prozesses erfolgen kann.

6.6   Phase 6: Einsetzen der Low-Code-Plattform und Evaluieren des Projektes

Basierend auf dem Vorgehensmodell umfasst die sechste Phase die Etablierung und Weiterentwicklung des Einsatzes der Low-Code-Plattform. Im Unternehmen ISRING-HAUSEN wurde dazu in einem ersten Schritt die Qualität der entwickelten Anwendung reflektiert. Probanden wurden im Rahmen eines Usability-Tests gebeten, einen Verlagerungsantrag unter Verwendung der neu entwickelten Anwendung zu stellen und zu bewerten. Dabei konnten die Beobachter die Schritte identifizieren, die als besonders schwierig oder unklar wahrgenommen wurden. Daraus konnten Rückschlüsse auf das Optimierungspotenzial der Anwendung gezogen werden. Darüber hinaus wurde die Benutzerfreundlichkeit mithilfe des SUS-Fragebogens (System Usability Scale) bewertet. Ferner wurden auch über ein Freitextfeld auf einem Fragebogen Verbesserungsvorschläge dokumentiert.

Im Rahmen des Usability-Tests wurden einige Schwachstellen aufgedeckt (z. B. zur Anordnung von Schaltflächen). Die Probanden wurden zu diesen befragt, sodass Optimierungen an der Software vorgenommen werden konnten. Einzelne Erkenntnisse der Evaluation werden zukünftig bei der Entwicklung von weiteren Anwendungen direkt berücksichtigt. Ein mögliches Folgeprojekt stellt die Entwicklung einer Anwendung für den in Abschn. 6.2 beschriebenen Druckprozess dar. Darüber hinaus sind weitere Digitalisierungsprojekte in der Planung.

6.7   Fazit und Ausblick

Als Ergebnis des Projektes kann festgehalten werden, dass sich das entwickelte Vorgehensmodell (s. Kap. 3) zur Auswahl und Einführung einer Low-Code-Plattform im Unternehmen ISRINGHAUSEN bewährt hat. Zunächst wurde der Projektrahmen definiert. Danach wurden in Interviews mögliche Anwendungsfälle identifiziert und anschließend erörtert. Zudem wurden Anforderungen an die Low-Code-Plattform ermittelt. Daraufhin wurde eine Vorauswahl und schließlich eine finale Auswahl der Low-Code-Plattform unter Berücksichtigung der unternehmensspezifischen Auswahlkriterien vorgenommen. Mit der Umsetzung eines ersten Anwendungsfalls konnten wichtige Erfahrungen gesammelt werden, die bei künftigen Projekten berücksichtigt werden sollen. Die Erwartungen an die Optimierung des Verlagerungsprozesses konnten erfüllt werden, da u. a. die automatisierten E-Mails und Trackinglisten zu einer Verkürzung der Durchlaufzeiten bei diesem Prozess beitragen.

Im Rahmen des Projektes bei ISRINGHAUSEN haben folgende Studierende der Technischen Hochschule-Ostwestfalen-Lippe (TH OWL) und der Universität Paderborn insbesondere beim Auswahlprozess der Low-Code-Plattform und bei der Programmierung der Low-Code-Anwendung im Rahmen eines wissenschaftlichen Praktikums bzw.

einer Abschlussarbeit erfolgreich mitgewirkt: Noah Geng (Bachelorarbeit TH OWL), Rea Wohlann (wissenschaftliches Praktikum TH OWL), Felix Mügge (Universität Paderborn)

Literatur

Born, A. (2019) Nieder mit dem Code. iX Magazin, 8(2019), S. 82–87.

Bratincevic, J., & Koplowitz, R. (2021). The Forrester WaveTM: Low-Code Development Platforms for Professional Developers, Q2 2021. Forrester Research.

Farshidi, S., Jansen, S., & Fortuin, S. (2021). Model-Driven Development Platform Selection: Four Industry Case Studies. Software and Systems Modeling, 20(5), 1525–1551. https://doi.org/10.1007/s10270-020-00855-w

Koplowitz, R. & Rymer, J. R. (2019). The Forrester WaveTM: Digital Process Automation for Wide Deployments, Q1 2019. Forrester Research.

Sahay, A., Indamutsa, A., di Ruscio, D., & Pierantonio, A. (2020). Supporting the Understanding and Comparison of Low-Code Development Platforms. 2020 46th Euromicro Conference on Software Engineering and Advanced Applications (SEAA). https://doi.org/10.1109/seaa51224.2020.00036

Vincent, P., Natis, Y., Iijima, K., Wong, J., Ray, J., Jain, A., & Leow, A. (2020). Magic Quadrant for Enterprise Low-Code Application Platforms. Gartner Inc.

7

Low-Code-Development als integraler Bestandteil der Digitalisierungsstrategie von DENIOS

Udo Roth und Jan Regtmeier

Inhaltsverzeichnis

Zusammenfassung

Das Unternehmen DENIOS SE setzt bereits seit vielen Jahren die Low-Code-Plattform INTREXX der Firma United Planet GmbH aus Freiburg ein. Inzwischen wurden rund 50 Anwendungen mit dieser Plattform entwickelt. Aufgrund begrenzter Softwareentwicklungsressourcen sollte im Rahmen des Projektes Pro-LowCode untersucht werden, ob man Domänenexperten, sogenannte Citizen Developer, ausbilden und in die Lage versetzen kann, zukünftig eigenständig Anwendungen zu entwickeln. Die im Projekt realisierte Fallstudie hat gezeigt, dass auch wenig erfahrene Entwickler sich in kurzer Zeit einarbeiten und eine Anwendung entwickeln können. Die Administration der Anwendung wird weiterhin durch IT-Experten wahrgenommen. Die Erfahrung ist darüber hinaus, dass sich durch Einbeziehung von Citizen Developern die Entwicklungszeit deutlich verkürzen lässt. Aufgrund der vielen Optionen, die INTREXX

U. Roth (✉) · J. Regtmeier
DENIOS SE, Bad Oeynhausen, Deutschland
E-Mail: udR@denios.de

J. Regtmeier
E-Mail: jaR@denios.de

© Der/die Autor(en), exklusiv lizenziert an Springer-Verlag GmbH, DE, ein Teil von Springer Nature 2023
S. Hinrichsen et al. (Hrsg.), *Prozesse in Industriebetrieben mittels Low-Code-Software digitalisieren,* Intelligente Technische Systeme – Lösungen aus dem Spitzencluster it's OWL, https://doi.org/10.1007/978-3-662-67950-0_7

bei der Anwendungsentwicklung bietet, wird DENIOS weiterhin diese Low-Code-Plattform einsetzen, zumal sie inzwischen im Unternehmen etabliert ist und eine Migration zu einer anderen Plattform die Neuentwicklung aller Anwendungen bedeuten würde. Langfristig wird es bei DENIOS nur ausgewählte Citizen Developer geben. Im Regelfall wird es so sein, dass die Domänenexperten Ideen und Wünsche benennen, die dann von Softwareentwicklern effizient und schnell realisiert werden können. So stehen erste Versionen von Anwendungen schnell für weitere Abstimmungen zur Verfügung, bevor sie für alle Anwender frei geschaltet werden.

7.1   Zum Unternehmen Denios SE

Die DENIOS SE ist ein auf die Herstellung und den Vertrieb von Produkten zum betrieblichen Umweltschutz und Sicherheit spezialisiertes Unternehmen, dessen umfassende und qualitativ hochwertige Produktpalette ein breites Nachfragespektrum abdeckt, mit Produkten und Lösungen für Branchen wie Transport und Logistik, Automotive, Maschinenbau, Chemie und Pharma sowie für die Kunststoff- und Metallverarbeitung (DENIOS 1 2023).

Der Geschäftsbereich „Catalogue Products" umfasst im E-Commerce über 16.000 Standardartikel. Dabei bietet DENIOS als Entwickler und Hersteller das größte Sortiment im Bereich sicherheitsrelevanter Betriebsausstattung und Arbeitssicherheit, das von Auffangwannen über Transport- und Reinigungsbehälter bis hin zu Bindevliesen für das Bereinigen und Eindämmen von Leckagen reicht. „Engineered Solutions" ist der Bereich, in dem Raumsysteme für die Gefahrstofflagerung, Thermotechnik sowie Anlagen der Luft- und Reinigungstechnik entwickelt werden. Einzigartig ist dabei die Vielfalt der Lösungen und deren Ausstattungen. Mit dem Expertenwissen hinsichtlich Konstruktion und Zulassungen sowie der einschlägigen Rechtslage werden Kunden von der Planung und Konzeption über die Umsetzung bis hin zur Wartung der Produkte beraten (DENIOS 1 2023).

An sechs Produktionsstandorten und 26 Niederlassungen in Europa, Amerika und Asien unterstützen mehr als 900 Mitarbeiter die Kunden bei der gesetzeskonformen Handhabung und Lagerung von Gefahrstoffen. Gegründet 1986 ist DENIOS ein familiengeführtes Unternehmen mit Stammsitz in Bad Oeynhausen. Als Innovations- und Marktführer strebt DENIOS in einer zunehmend digitalisierten Wirtschaft an, sich weiter zu behaupten und die eigene Position auszubauen, indem auch die Potenziale der Digitalisierung für das Gefahrstoffmanagement erschlossen werden (DENIOS 2 2023).

7.2   Einführung und Motivation

Als DENIOS im Jahr 2007 vor der Entscheidung stand, ein neues System für das Intranet auszuwählen, fiel die Wahl auf INTREXX, einer Low-Code-Entwicklungsplattform von United Planet. Auswahlkriterien waren beispielsweise, dass das System interaktiv und von vielen Personen zu bedienen sein sollte, um die Akzeptanz und den Informationsgehalt zu erhöhen. Nach der Einführung von INTREXX bei DENIOS und der Abbildung des Intranets mithilfe der Plattform, wurden einige Anwendungen mittels Low-Code entwickelt und befinden sich im produktiven Einsatz. Mehrere Mitarbeiter aus dem Bereich eBusiness sind inzwischen Experten in der Entwicklung von Low-Code-Anwendungen und entwickeln im Auftrag von Fachexperten Anwendungen (Klughardt 2021).

Aufgrund dieser positiven Erfahrungen hat sich inzwischen eine Ideenliste für viele weitere Anwendungen ergeben, die komplexer werden und Schnittstellen zu verschiedenen Datenquellen haben müssen. Sie werden abhängig von den Ressourcen nach und nach priorisiert und abgearbeitet. Da jedoch auch diese Personalressourcen begrenzt sind, sollte im Rahmen des Projektes Pro-LowCode untersucht werden, ob weitere Fachexperten bzw. Citizen-Developer in die Lage versetzt werden können, in Zukunft schneller, eigenständig Anwendungen zu entwickeln.

Die Potenziale von Low-Code-Plattformen wurden durch eine Marktrecherche und vielfältige Firmenkontakten analysiert. So wurden insbesondere Multiplikatoren für Low-Code-Anwendungen kontaktiert und ein Informationsaustausch durchgeführt:

- INTREXX: DENIOS setzt zur Entwicklung einer Intranet-Plattform die Low-Code-Plattform von United Planet ein, sodass die Realisierung von Fallstudien auch mit dem INTREXX Anwender-Support diskutiert wurde. Im Rahmen eines Workshops wurde INTREXX allen Projektpartnern präsentiert und es bestand die Möglichkeit, die Plattform kennen zu lernen (https://www.intrexx.com/).
- VisualMakers: Eine Lernplattform für Low- und No-Code, die Seminare, Trainings, Tutorials, etc. über eine Vielzahl unterschiedlicher Low-Code-Anwendungen bereitstellt (https://www.visualmakers.de/)
- SmapONE: Anbieter eine No-Code-Plattform, die eine sehr einfach zu erlernende Plattform für Unternehmen bereitstellen, mit der man im Baukastenprinzip Prozesse im Unternehmen digitalisieren kann. SmapONE hat außerdem sehr erfolgreich Venture Capital „gesammelt", was das erwartete Potenzial unterstreicht (https://www.smapone. com/)

7.3   Fallstudie „Buchungssystem für Ladesäulen"

Durch die DENIOS Softwareentwickler wurden seit der Einführung der Low-Code-Plattform INTREXX viele Anwendungen entwickelt, wie beispielsweise

- eine Anwendung für das interne Ideenmanagement,
- ein Buchungsportal für Poolfahrzeuge oder
- ein Workflow zur digital unterstützten Erfassung, Prüfung und Genehmigung von Investitionsanträgen.

Die letztgenannte Anwendung ist ein gutes Beispiel dafür, wie ein zuvor papiergebundener Prozess durch einen digitalen Workflow abgelöst werden kann. Mit diesem neuen digitalen Workflow kann jeder Prozessbeteiligte zu jeder Zeit nachverfolgen, wie der Status eines Antrages ist. So wurden Transparenz und Schnelligkeit erhöht, was in manchen Projekten entscheidend sein kann. Alle für die Entscheidung relevanten Angebote und Dokumente werden zentral dem Antrag zugeordnet und können auch nachträglich aufgerufen werden.

Nach einer Analyse der vorhanden Themenliste wurde entschieden, im Projekt Pro-LowCode als Fallstudie ein Buchungssystem für die Ladestationen für E-Fahrzeuge prototypisch durch Citizen Developer zu entwickeln. Hintergrund ist, dass es derzeit keine Terminierungsmöglichkeit für die Nutzung einer Ladestation auf dem Betriebsgelände von DENIOS gibt. Alle berechtigten Nutzer können jederzeit jede freie Ladestation nutzen. Es gibt auch keine Übersicht darüber, welche Ladestationen verfügbar sind. Daraus ergibt sich das Problem, dass die Ladestationen länger als nötig genutzt werden, sodass es für andere Nutzer nicht möglich ist, ihre Fahrzeuge zu laden. Aktuell sind die Mitarbeiter angehalten, die Nutzung der Ladestationen untereinander zu regeln, wodurch unnötig viel Zeit in Anspruch genommen wird. Das Projekt Pro-LowCode leistet einen Beitrag dazu, die Plattform und Kompetenzen im Unternehmen weiter zu verbreiten und die Möglichkeiten und Voraussetzungen für komplexere Anwendungen besser kennen und nutzen zu lernen (Klughardt 2021).

Zur Nutzung durch Mitarbeiter betreibt DENIOS zwei Ladesäulen mit je zwei Ladepunkten, die mitarbeiterzugänglich auf dem Parkplatz aufgestellt sind. An den Ladepunkten können Firmen-, Pool- und Privatfahrzeuge geladen werden. Zum Laden des Fahrzeugs identifizieren die Mitarbeiter künftig ihr Fahrzeug an der Ladesäule durch einen RFID-Chip. Dies dient jedoch nur statistischen Zwecken, da die Ladepunkte nicht geeicht sind. Gäste können sich am DENIOS-Empfang im Hauptgebäude einen Chip abholen, mit dem sie ihr E-Fahrzeug während des Besuches bei DENIOS laden können, wenn ein Ladepunkt verfügbar ist. So soll der aktuell ungeregelte Zustand mithilfe einer Low-Code-Applikation optimiert und transparent gestaltet werden.

Spezifikation der Anwendung

In Abb. 7.1 ist der Ist-Zustand der Nutzung der Ladesäulen dargestellt. Jeder Mitarbeiter kann jederzeit an eine Ladesäule heranfahren und sein Fahrzeug laden. Sobald das Fahrzeug geladen ist, wird das Fahrzeug weggefahren, um einem anderen Kollegen die Möglichkeit zum Laden des Fahrzeuges zu geben. Oftmals geschieht das Wegfahren aber erst mit einiger Verzögerung. Es wird erwartet, dass es immer mehr private Elektro-Fahrzeuge und Dienstfahrzeuge geben wird, sodass diese ungeregelte Nutzung auf absehbare Zeit nicht mehr funktionieren wird und jeder eine faire Chance auf einen geeigneten Zeitraum haben soll.

Die Belegung der Ladepunkte soll zukünftig durch ein System verwaltet werden, in dem Ladepunkte reserviert werden können. Das System soll die Mitarbeiter zudem an wichtige Ereignisse (z. B. Fahrzeug vollgeladen) per E-Mail erinnern und Möglichkeiten zur statistischen Auswertung bieten. Das System soll ferner die Möglichkeit eröffnen, die Nutzung der Ladepunkte durch Firmen- und Poolfahrzeuge gegenüber der Nutzung durch Privatfahrzeuge zu priorisieren. Abb. 7.2 stellt den Soll-Zustand dar, der mithilfe einer Applikation mit INTREXX realisiert wurde.

Die Funktionen des „eCharger" genannten Buchungssystems für Ladesäulen wurden in einem ersten Schritt im Detail spezifiziert. Nachfolgend sind die funktionalen und nicht funktionalen Eigenschaften des „eCharger" dargestellt (Schröder et al. 2022).

Grundfunktionen:

- Reservierung eines freien Zeitraumes an einem Ladepunkt mit Start und Ende, Kennzeichen des Fahrzeuges.

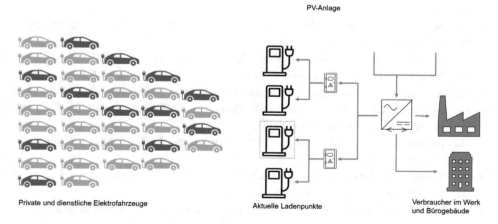

Abb. 7.1 Ist-Zustand der Nutzung der vorhandenen Ladesäulen

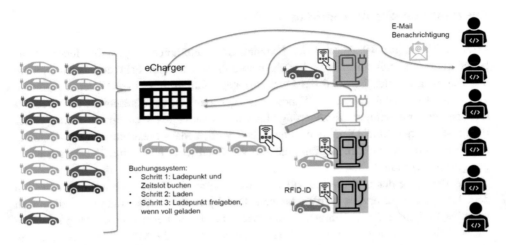

Abb. 7.2 Soll-Zustand der Nutzung der vorhandenen Ladesäulen

- Bei der Reservierung muss das System verhindern, dass eine Reservierung im Konflikt mit anderen Reservierungen steht.
- Höchstdauer für eine Reservierung muss zentral eingestellt werden und darf nicht überschritten werden.
- Anzeige der reservierten Zeiträume für die Ladepunkte
- Sofortreservierung durch Nutzer möglich; Reservierungsbeginn muss dabei auf die aktuelle Zeit eingestellt werden
- Das System soll nach Angabe des betreffenden Ladepunkts dem Inhaber einer Reservierung erlauben, eine Anfrage zu senden, ob der Restzeitraum übernommen werden kann.
- Ggf. soll das System zukünftig die Möglichkeit zur Erfassung von Serienreservierungen, analog zu Serienterminen, bieten.
- Das System muss dem Besitzer einer Reservierung und den Administratoren die Möglichkeit bieten, eine Reservierung anzuzeigen, zu ändern oder zu löschen.
- Bei der Änderung einer Reservierung muss das System verhindern, dass eine Reservierung im Konflikt mit anderen Reservierungen steht und die Höchstdauer für Reservierungen überschritten werden.
- Das System muss über eine Schnittstelle das Ende des Ladevorgangs an den Ladepunkten erkennen können.
- Das System soll dem Nutzer eines Ladepunkts eine E-Mail-Nachricht senden, wenn der Ladevorgang seines Fahrzeugs beendet ist.
- Das System muss die Reservierung für ein Fahrzeug an einer Ladesäule beenden, wenn das Ende eines Ladevorgangs während einer Reservierung erreicht wird.

Administration

- Das System soll einem Administrator die Möglichkeit bieten, eine Höchstdauer für Reservierungen festzulegen.
- Das System soll einem Administrator die Möglichkeit bieten, ein Template für die Benachrichtigung über das Ende des Ladevorgangs zu erfassen.
- Priorisierung: Ein Ladepunkt wird nur für Dienstfahrzeuge vorgesehen und kann nur von den Besitzern von Dienstfahrzeugen gebucht werden.
- Der Administrator ist ein User mit Sonderrechten für die Administration. Annahme: Der Administrator ist auch Administrator für die Intrexx-Plattform.
- Der Besitzer einer Reservierung ist derjenige User, der eine Reservierung angelegt hat.
- Das System soll die Stromverbräuche für den Ladestrom pro Fahrzeug erfassen und speichern.
- Das System soll in der Lage sein, die Stromverbräuche der Fahrzeuge in Form einer Übersicht anzuzeigen.
- Das System soll möglichst zukünftig in der Lage sein, bei den Stromverbräuchen der Fahrzeuge dahingehend zu differenzieren, ob der Ladestrom aus der Photovoltaikanlage stammt.
- Das System soll ggf. zukünftig in der Lage sein, eine Übersicht über die CO_2-Einsparung durch Ladestrom aus der PV-Anlage anzuzeigen.

Erforderliche Schnittstellen

- Datenquelle mit Liste der Benutzer, der Fahrzeugkennzeichen, E-Mail, RFID-Nummer
- Schnittstelle zu den Ladenpunkten/Ladesäulen
- Schnittstelle zur PV-Anlage, die den Strom für die Ladepunkte liefert.

Qualitative Anforderungen

- Das System muss vollständig über das Intranet/Intrexx nutzbar sein.
- Die Funktionalitäten zur Reservierung müssen vollständig auch über mobile Geräte nutzbar sein.

Umsetzung der Anwendung

Für das Anlegen und Bearbeiten einer Applikation in INTREXX muss auf dem Endgerät ein Client installiert sein, der die Verbindung zum Server herstellt. Gesteuert durch das Berechtigungskonzept kann die Bearbeitung im sogenannten INTREXX Portal Manager realisiert werden. In der Regel dauert die Einarbeitung im Portal Manager wenige Tage.

Die INTREXX Community bietet darüber hinaus diverse Tutorials und Anwendungsbeispiele sowie einen Austausch mit anderen, erfahrenen Usern. Darüber hinaus kann man bei der Anwendungsentwicklung auch auf INTREXX-Partner zurückgreifen (Klughardt 2022).

Die Anwendung „eCharger" besteht im Wesentlichen aus zwei Seiten, die durch Anwender genutzt werden (s. Abb. 7.3). Auf der Statusseite kann die Belegung der Ladesäulen eingesehen werden und auf der Buchungsseite kann ein Zeitraum zum Laden gebucht werden. Das Fahrzeug überträgt an die Ladesäule den Ladestatus, der durch die Applikation regelmäßig abgefragt wird. Sobald das Fahrzeug geladen ist, wird dem Besitzer per E-Mail mitgeteilt, dass sein Fahrzeug von der Ladesäule entfernt werden kann. Dazu wurde ein Microsoft ExChange Server für E-Mails eingebunden und ein E-Mail-Template erstellt, sodass immer ein einheitlicher Text verschickt wird. Die Buchungsseite konnte mit Hilfe der durch die Plattform vorgegebene Kalenderfunktion schnell umgesetzt werden (Klughardt 2022).

Die Grundlage der Applikation bilden sogenannte Datengruppen, die durch Anlage von Tabellen in der Datenbank automatisch erstellt werden. Die einzelnen Datenfelder sind bei der Anlage zu formatieren. Die für die Anwendung benötigten Datengruppen lassen sich in Fahrzeugdaten (inkl. RFID-Chipnummer zur Identifikation, Kennzeichen und Firmen-E-Mail des Fahrzeugbesitzers), Ladesäulendaten (Nummer der Ladesäule, angemeldete RFID-Nummer) und Ladestatusdaten (Ladestatus je Ladepunkt) untergliedern (s. Abb. 7.4) (Klughardt 2022).

Die permanente Überprüfung des Ladestatus wird durch einen sogenannten „Ereignisbehandler" definiert, der den Prozess der Statusabfrage und Information des Besitzers abhängig von bestimmten Bedingungen steuert. Für die Entwicklung des Ereignisbehandlers stellt INTREXX ebenfalls diverse Bausteine zur Verfügung, die jedoch in eine logische Reihenfolge gebracht werden müssen. Der Prozess fragt in regelmäßigen Abständen den Ladestatus der vier Ladepunkte ab und schreibt diese in die entsprechende Tabelle. Es ist also auch eine Anbindung der Ladesäulen-Hardware an die Applikation erforderlich. Wenn der Status „vollgeladen" übertragen wird, erfolgt die Benachrichtigung des Besitzers per E-Mail (s. Abb. 7.5) (Klughardt 2022).

Sowohl für die Strukturierung der Datengruppen als auch für den Aufbau des Ereignisbehandlers sind nach den Erfahrungen im Projekt Entwicklerkompetenzen erforderlich, da Kenntnisse vorhanden sein sollten, wie die Datengruppen miteinander verbunden sind und wie ein Prozessablauf definiert werden kann. Fachexperten verfügen nicht per se über diese Kompetenzen, da sie die Anwendung aus der Perspektive des Nutzers her betrachten und sich deshalb vom Frontend her der Problemlösung nähern. Weiterhin ist noch geplant, statistische Nutzungsdaten für jede Ladesäule zu analysieren und darzustellen. Für die grafische Darstellung von Zeitreihen bietet die Plattform ebenfalls zahlreiche Optionen. Schließlich kann über die Applikationsgestaltung und das Berechtigungskonzept durch den Administrator einfach definiert werden, welche Seiten in der Applikation

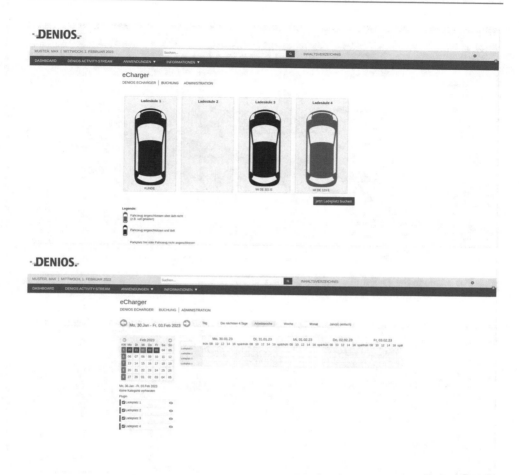

Abb. 7.3 Status- und Buchungsseite der Applikation „eCharger"

angezeigt werden sollen, und welche Benutzergruppe mit welcher Berechtigung auf die jeweilige Seite zugreifen kann (Klughardt 2022).

7.4   Fazit und Ausblick

Ausgehend von den Erfahrungen bei der Umsetzung der Fallstudie im Projekt, den Diskussionen mit weiteren Multiplikatoren und den umfangreichen Erfahrungen mit der Low-Code-Plattform INTREXX kann ein Fazit für DENIOS gezogen und ein Ausblick gegeben werden.

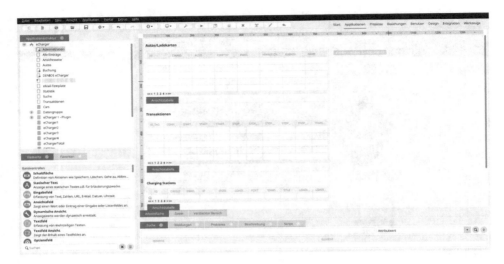

Abb. 7.4 Anlage der Datengruppen des „eCharger"

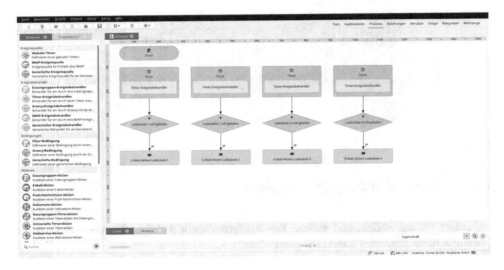

Abb. 7.5 Prozessteuerung des „eCharger" mittels Ereignisbehandlers

Erfahrungen mit der Low-Code-Plattform

Die Plattform INTREXX der Fa. United Planet wurden bei DENIOS im Jahr 2007 durch die IT bzw. IT-Administrator eingeführt. Wesentliche Gründe für die Einführung waren die Erwartung, dass betriebsspezifische Anwendungen vereinfacht umgesetzt werden können. Darüber hinaus war es für die Einführung wichtig, dass Funktionen die standortübergreifende Kommunikation bei DENIOS ermöglichen und verbessern sollten. Die Erstinstallation und die Entwicklung erster Anwendungen sowie deren Live-Schaltung erfolgte mit Unterstützung einer externen INTREXX-Partnerfirma. In der Anfangsphase war das Lizenzmodell so definiert, dass jeder Anwender die gleiche Lizenz hatte, egal wie intensiv mit der Plattform gearbeitet, sprich Anwendungen entwickelt wurden. Viele Beschäftigte waren und sind nach wie vor reine Nutzer.

2015 wurde die Applikationsentwicklung an den Bereich eBusiness bei DENIOS übergeben, weil die dort angesiedelten Web-Entwickler die besten Voraussetzungen mitbrauchten, Anwendungen mittels HTML oder Java zu entwickeln. Inzwischen gibt es bei DENIOS rund 600 User. Aktuell wird das Update auf Version 20 von INTREXX vorbereitet, die u. a. auch die Differenzierung zwischen Entwicklern und Norma-Usern zulässt und unterschiedliche Berechtigungen vorsieht.

Auch INTREXX bietet durch die Community zahlreiche Kooperations- und Kollaborationsmöglichkeiten mit anderen Unternehmen. INTREXX und Entwicklungspartner von INTREXX entwickeln Anwendungen, die von vielen Unternehmen genutzt werden können. Durch die Community hat INTREXX den Vorteil, dass die Anforderungen aus vielen Branchen gesammelt werden und somit INTREXX die optimalen Voraussetzungen hat, Anwendungen zu entwickeln, die von vielen Anwendern eingesetzt werden können. Aufgrund der bisherigen Erfahrungen und der bereits umfangreichen Applikationen, die mit INTREXX entwickelt wurden, wird DENIOS auch weiterhin auf diese LowCode-Plattform setzen (Klughardt 2021/2022).

Erfahrungen mit der Umsetzung der Fallstudie

Es hat sich gezeigt, dass – obwohl die IT-Abteilung über das erforderliche Know-how verfügt – auch für die Entwicklung mittels Low-Code nennenswerte zeitliche Ressourcen erforderlich sind, um die Anwendungen so zu entwickeln, dass sie den Wünschen und Erwartungen der Domänenexperten entsprechen. Nicht die Entwicklung selbst ist dabei das Entscheidende, sondern die Abstimmung des Funktionsumfanges und des Aussehens einer Anwendung. Die Domänenexperten gehen dabei vom Frontend her vor, während Softwareentwickler eher vom Backend her denken. Mit der Übergabe an den Bereich eBusiness sollte INTREXX als Kommunikationsplattform gefördert werden sowie die Entwicklung weiterer, auch komplexer Anwendungen beschleunigt werden. Prinzipiell lässt sich die Gruppe der Entwickler durch die LowCode-Plattform vergrößern. Die Einarbeitung ist innerhalb kurzer Zeit möglich. Die Entwicklungszeit lässt sich nach eigenen Erfahrungen um bis zu 50 % reduzieren, selbst wenn erfahrene Softwareentwickler die Plattform nutzen und nicht Citizen Developer.

Inzwischen hat sich ein informeller Prozess etabliert, dass zwei Mitarbeiter die Anwendungsentwicklung in INTREXX federführend durchführen und Fachexperten aus verschiedenen Abteilungen ihre Ideen und Wünsche für Anwendungen diesen Kollegen zukommen lassen. Die Reihenfolge der Bearbeitung wird dann priorisiert und die Anwendungen mit begrenzten Ressourcen nach und nach abgearbeitet. Im Rahmen des Projektes wurde die Fallstudie „Ladesäulen" durch einen Praktikanten im Bereich Fachinformatik umgesetzt. Auch die Einbindung verschiedener Hardware- und Software-Schnittstellen in die LowCode-Plattform stellt eine Herausforderung bei der Applikationsentwicklung dar, die eher von erfahrenen Entwicklern bewältigt werden sollte.

Um mehr Fachexperten als Citizen Developer zu gewinnen, müssten die Vorteile der eigenen Entwicklung noch stärker hervorgehoben werden. Dabei ist zu verdeutlichen, dass der zeitliche Aufwand für die Spezifikation und Umsetzung einer Applikation den wiederkehrenden Aufwand für einen papierbasierten oder manuellen Prozess aufwiegen und sich deshalb lohnen kann.

Weitere Nutzung der Plattform INTREXX

Im Rahmen des Projektes hat sich die Umsetzung einer weiteren Anwendung durch einen Fachexperten ergeben. Ein Mitarbeiter aus dem Bereich Qualitätsmanagement wird eine Anwendung für des Qualitätsmanagementsystem bei DENIOS federführend realisieren, sodass diese dann vollständig unsere Anforderungen erfüllen wird. Zwar hat ein Entwicklungspartner von INTREXX ein „Digitales Qualitätsmanagement System" umgesetzt, jedoch hat sich dieses für DENIOS als zu teuer und im Funktionsumfang als zu umfangreich herausgestellt.

Literatur

DENIOS 1 (2023). Über DENIOS. Wie aus einem Moment ein Auftrag wird. Abgerufen 26.04.2023 von https://www.denios.de/unternehmen/ueber-denios/

DENIOS 2 (2023). DENIOS weltweit. Gemeinsam für Sicherheit – Weltweite Kundennähe. Abgerufen 26.04.2023 von https://www.denios.de/unternehmen/denios-weltweit/

Schröder, K., Klughardt, A., Roth, U. (2022). Anforderungen Denios Ladepunktverwaltung. Zusammenfassung für die Entwicklung

Klughardt, A., (2021). Einführung, Historie und Einsatz der Plattform INTREXX-bei der DENIOS SE. Persönliche Mitteilungen.

Klughardt, A., (2022). Screenshots und Funktionsbeschreibungen der DENIOS-INTREXX-Anwendung „eCharger". Persönliche Mitteilungen.

Software für Speicherprogrammierbare Steuerungen entwickeln: Low-Code oder Modellgetrieben?

8

Nils Weidmann, Johannes Heil und Micha Wegener

Inhaltsverzeichnis

Zusammenfassung

Die Konzepte von Low-Code-Programmierung, Generativer Programmierung und Modellgetriebener Softwareentwicklung weisen an vielen Stellen Gemeinsamkeiten auf, sodass auch Softwareentwicklungsansätze möglich sind, welche keiner dieser Entwicklungslinien eindeutig zuzuordnen sind. An der Schnittstelle zwischen Modellgetriebener Softwareentwicklung und Low-Code-Development wurde gemeinsam mit der Firma Weidmüller, einem führenden Unternehmen in den Bereichen Verbindungstechnik, Automatisierung und Digitalisierung, eine Fallstudie durchgeführt, welche

N. Weidmann (✉) · J. Heil
Software Innovation Lab, Universität Paderborn, Paderborn, Deutschland
E-Mail: nils.weidmann@uni-paderborn.de

J. Heil
E-Mail: jheil@mail.uni-paderborn.de

M. Wegener
Weidmüller Interface GmbH & Co. KG, Detmold, Deutschland
E-Mail: Micha.Wegener@weidmueller.com

© Der/die Autor(en), exklusiv lizenziert an Springer-Verlag GmbH, DE, ein Teil von
Springer Nature 2023
S. Hinrichsen et al. (Hrsg.), *Prozesse in Industriebetrieben mittels Low-Code-Software digitalisieren,* Intelligente Technische Systeme – Lösungen aus dem Spitzencluster it's OWL, https://doi.org/10.1007/978-3-662-67950-0_8

den Softwareentwicklungsprozess für Speicherprogrammierbare Steuerungen (SPSen) für den Anlagen- und Serienmaschinenbau verbessert. Hierfür wurde eine Tool-Chain aus verschiedenen Hard- und Softwarekomponenten entworfen, die es Anlagenbauern ermöglicht, weite Teile des Anlagenaufbaus auf Basis ihrer Fachexpertise zu modellieren. Aus diesen Modellen und vorentwickelten Code-Templates wird in mehreren Schritten ausführbarer Code für SPSen erzeugt. Dieses Vorgehen entlastet SPS-Programmierer, welche auf dem Arbeitsmarkt derzeit eine knappe Ressource darstellen, und beugt Problemen bei der Definition von Anforderungen an die Anlage vor. Die Praktikabilität des Ansatzes wurde mithilfe von Experteninterviews mit Mitarbeitern der Firma Weidmüller evaluiert.

8.1 Einleitung

Die Ursprünge der Low-Code-Programmierung sind auf verschiedene Entwicklungslinien des Software Engineering zurückzuführen, welche bereits in Kap. 2 ausführlich dargestellt wurden. Unter anderem lassen sich bei der technologischen Umsetzung von Low-Code, d. h. der Generierung von Quellcode aus abstrakteren Spezifikationen, viele Gemeinsamkeiten mit der generativen Programmierung und der Modellgetriebenen Softwareentwicklung feststellen. Die Rahmenbedingungen, unter denen Quellcode erzeugt und ausgeführt wird, sind bei der Low-Code-Programmierung allerdings viel stärker durch die verwendete Plattform vorgegeben, als es bei den anderen zwei Entwicklungslinien der Fall ist. So ist z. B. die verwendete Programmiersprache im Vorhinein festgelegt, der generierte Code ist für den Nutzer größtenteils verborgen, und in der Regel kann die entwickelte Anwendung nur in der vom Anbieter bereitgestellten Laufzeitumgebung ausgeführt werden (s. auch Kap. 4).

Gerade wenn die technischen Rahmenbedingungen spezielle, oft domänenspezifische Anforderungen an die zu entwickelnde Software stellen (z. B. die Ausführung von Programmen in Echtzeit), ist der Einsatz von marktüblichen Low-Code-Plattformen nur eingeschränkt oder gar nicht möglich (Bock und Frank 2021). Im Rahmen dieses Kapitels wird anhand einer von der Firma Weidmüller bereitgestellten Fallstudie vorgestellt, wie Konzepte aus Low-Code-Programmierung, Generativer Programmierung und Modellgetriebener Softwareentwicklung miteinander kombiniert werden können, um Softwareentwicklungsprozesse in sehr hardwarenahen Bereichen zu vereinfachen und zu beschleunigen.

Auch wenn die Lösung der vorgestellten Fallstudie spezifisch auf die Branche bzw. Domäne der Automatisierungstechnik zugeschnitten ist, lassen sich die Erkenntnisse auch auf andere Bereiche übertragen. Dort, wo spezifisches Domänenwissen notwendig ist bzw. Anforderungen gestellt werden, die konventionelle Low-Code-Plattformen nicht abdecken, können die Konzepte von Low-Code und ähnlichen Entwicklungslinien dennoch genutzt werden, um Fachexperten in den Softwareentwicklungsprozess mit einzubeziehen. Dies ist jedoch mit der Implementierung einer eigenen Tool-Chain und einem entsprechend höheren Aufwand im Vergleich zur Einführung einer Low-Code-Plattform verbunden. Darüber hinaus muss der Betrieb der generierten Anwendungen sowie der Tool-Chain selbst gewährleistet werden, was bei Low-Code-Plattformen – zumindest optional – vom Anbieter übernommen wird.

Im weiteren Verlauf des Kapitels werden in Abschn. 8.2 zunächst die Fallstudie und die damit verbundene Zielsetzung vorgestellt. Anschließend werden in Abschn. 8.3 die eingesetzten Technologien und Formate beschrieben, sowie deren Auswahl erläutert. Abschn. 8.4 beschäftigt sich mit der Modellierung der Anwendungsdomäne, bevor der Entwurfs- und Implementierungsprozess in Abschn. 8.5 genauer dargestellt wird. Die Ergebnisse einer qualitativen Auswertung der prototypischen Umsetzung werden zusammengefasst, bevor eine abschließende Diskussion der Ergebnisse in Abschn. 8.7 erfolgt, und ein Ausblick auf mögliche anschließende Arbeiten gegeben wird.

8.2 Use Case und Zielsetzung

Das Unternehmen Weidmüller mit Hauptsitz in Detmold wurde bereits im Jahr 1850 gegründet und ist mit seinen Produkten in verschiedenen Branchen tätig, wozu unter anderem der Maschinenbau sowie die Prozessindustrie und Energieerzeugung zählen. Das Unternehmen beschäftigt weltweit etwa 6000 Mitarbeiter an Produktionsstandorten und Niederlassungen in über 80 Ländern. Der Jahresumsatz lag im Jahr 2023 bei mehr als 1 Mrd. €, womit Weidmüller zu den größten deutschen Herstellern von Steckverbindungen zählt.

Die von der Firma Weidmüller bereitgestellte Fallstudie fällt thematisch in den Bereich der Planung von Anlagen zur Prozesssteuerung mithilfe von I/O-Systemen. Im Bereich der Automatisierungstechnik für den Maschinen- und Anlagenbau werden Speicherprogrammierbare Steuerungen (SPSen) eingesetzt, um über verschiedene Netzwerkprotokolle die entsprechenden Anlagen und Maschinen zu steuern. Die SPS ist dabei über einen Feldbus (z. B. ProfiNet, ProfiBus, EtherCAT oder ModbusTCP) mit sogenannten Remote-I/O-Modulen verbunden, mithilfe derer Sensoren gemessen und Aktoren gesteuert werden können. Entsprechend ihrer Zugriffspriorität auf den Feldbus werden die Module als Master- und Slave-Komponenten klassifiziert. Feldbuskoppler bilden die Schnittstelle zwischen Steuerungsebene (SPS) und Feldebene (Remote-I/O-Module).

Zur Programmierung von SPSen werden in der Regel textuelle und visuelle Sprachen verwendet, welche der Norm IEC-61131 entsprechen. Für den konkreten Anwendungsfall wird bei der Firma Weidmüller die Programmiersprache ST (Structured Text) verwendet, welche in Syntax und Programmaufbau der universellen Programmiersprache PASCAL ähnelt. Da die Programmierung einer SPS fortgeschrittene Kenntnisse in den nach IEC-61131 genormten Sprachen erfordern, wird diese nicht vom Anlagenbauer selbst, sondern

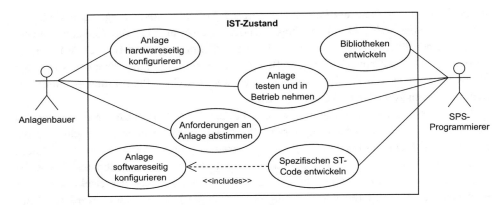

Abb. 8.1 Ist-Prozess: Manuelle SPS-Programmierung

von spezialisierten SPS-Programmierern durchgeführt. Diese entwickeln die Ablauflogik, welche sich aus den Anforderungen des Anlagenbauers an die SPS ergibt, und konfigurieren die betreffende Anlage softwareseitig. Häufig genutzte Funktionalitäten können hierbei in Bibliotheken ausgelagert werden, um sie ggf. zu einem späteren Zeitpunkt wiederverwenden zu können.

Der Anlagenbauer konfiguriert wiederum die Anlage hardwareseitig und stimmt die softwareseitigen Anforderungen mit dem SPS-Programmierer ab. Zudem ist er gemeinsam mit diesem für den Test und die Inbetriebnahme der Anlage verantwortlich. Eine Übersicht über den Softwareentwicklungsprozess für SPSen ist in Abb. 8.1 in Form eines UML-Anwendungsfalldiagramms dargestellt.

Die Motivation zur Gestaltung eines alternativen Prozesses zur Programmierung von SPSen besteht darin, dass es zu wenige Spezialisten gibt, die den für den Anlagenbau notwendigen ST-Code entwickeln können. Der Einkauf externer Entwicklungsressourcen ist gerade für kleine Anlagenbauer zu kostspielig, zudem dauern die Entwicklungsprozesse aufgrund der Ressourcenknappheit entsprechend lange. Ein weiteres Problem betrifft die Abstimmung zwischen Anlagenbauer und SPS-Programmierer: Hier kann es leicht zu Missverständnissen kommen, da der Anlagenbauer über das Domänenwissen (d. h. Wissen über die Anlage und die Prozesssteuerung) verfügt, der SPS-Programmierer vorrangig über Kenntnisse im Bereich ST-Programmierung.

Zudem fallen dem SPS-Programmierer eine Vielzahl von Aufgaben zu. Einerseits kann er sein Spezialwissen für die Entwicklung von Bibliotheken einsetzen, zum anderen müssen auch die Konfiguration der Anlage sowie wiederkehrende Abläufe programmatisch durch den SPS-Programmierer umgesetzt werden. Das wiederholte Erstellen von ähnlichem Code ist aufwendig und fehleranfällig, was den Prozess insgesamt ineffizient erscheinen lässt.

Die im Rahmen der Fallstudie verfolgte Idee zur Verbesserung dieses Prozesses besteht darin, einen generativen Ansatz zur Erzeugung von ST-Code zu verfolgen, der eine

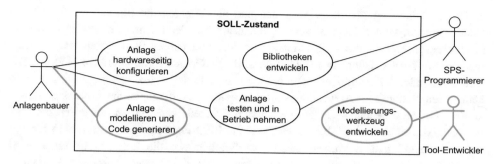

Abb. 8.2 Soll-Prozess: Generativer Ansatz zur SPS-Programmierung

größtenteils automatisierte Erzeugung des Codes ermöglicht. Dadurch soll im Wesentlichen ein hoher Grad an Wiederverwendung von Code-Fragmenten erreicht werden. Im Zentrum des Prozesses steht ein anlagenunabhängiges Modellierungswerkzeug, mithilfe dessen ein Anlagenbauer seine Anlagen auf einer höheren Abstraktionsebene modellieren kann. Aus den Modellen wird anschließend der ausführbare ST-Code generiert. Der SPS-Programmierer wiederum kann sich somit auf die Entwicklung neuartiger Funktionalitäten konzentrieren, die in Form von wiederverwendbaren Bibliotheken abgelegt und in das Modellierungswerkzeug eingebunden werden können. Die Qualitätssicherung und Inbetriebnahme der Anlage erfolgt weiterhin gemeinsam durch Anlagenbauer und SPS-Programmierer. Eine Übersicht über diesen generativen Ansatz ist in Abb. 8.2 dargestellt. Die im Vergleich zu Abb. 8.1 hinzugekommenen Tätigkeiten sind dabei in grün hervorgehoben.

Die beschriebene Einführung einer zusätzliche Abstraktionsebene bringt auch für diesen sehr hardwarenahen Anwendungsfall eine Reihe von Vorteilen mit sich: Zum einen werden die grundlegenden Eigenschaften der Anlage durch den Anlagenbauer selbst modelliert, wodurch die Zahl der Fehler aufgrund von Missverständnissen bei der Anforderungsabstimmung minimiert wird. Außerdem kann sich der SPS-Programmierer auf die Entwicklung neuer Funktionalität konzentrieren, was zu einer zeitlichen Entlastung führt.

Gemäß der Beschreibung verschiedener Entwicklungslinien der Low-Code-Programmierung in Kap. 2 ist dieses Vorgehen eher der generativen bzw. modellgetriebenen Softwareentwicklung zuzuordnen, wobei sich auch hier Low-Code-Konzepte wie die graphische Modellierung von Software durch Fachexperten wiederfinden. Softwareanwendungen gemäß der Norm IEC-61131 wurde bereits erfolgreich mithilfe der Sprachen UML (Vogel-Heuser et al. 2005) und SysML (Thramboulidis und Frey 2011) modelliert, letztere wurde zudem auch für die Modellierung von Komponententests benutzt (Jamro 2014). Darüber hinaus wurde ein Metamodell zur Beschreibung der nach IEC-61131 genormten Sprachen entworfen (Wenger und Zoitl 2012). Im Vergleich zu den genannten Ansätzen sollen im Rahmen dieser Fallstudie die Software auf Basis des Anlagenaufbaus, d. h. auf einer höheren Abstraktionsebene modelliert werden (vgl. Abb. 8.4).

Die Entscheidung für dieses Vorgehen und damit gegen die Einführung einer Low-Code-Plattform gemäß Kap. 3 wurde gemeinsam mit der Firma Weidmüller getroffen, da die gewünschte Funktionalität mit keiner der untersuchten Plattformen erreicht werden konnte. Zwar existiert im IoT-Umfeld z. B. die Open-Source-Plattform Node-RED[1], welche in anderen Zusammenhängen bereits innerhalb der Firma eingesetzt wird. Jedoch hätte deren Nutzung im Anwendungsfall tiefgreifende Änderungen am Prozess und auch an der Hardware bedeutet. Zudem lassen sich Echtzeiteigenschaften nur durch die Verwendung von SPSen, nicht aber durch die Node-RED-Plattform garantieren, was für den Anwendungsfall jedoch Voraussetzung war. Folglich war die Entwicklung einer eigenen Tool-Chain sinnvoll, deren Komponenten im anschließenden Abschn. 8.3 erläutert werden.

8.3 Aufbau und Funktionsweise der Tool-Chain

Wie im vorherigen Abschnitt bereits erläutert wurde, fiel zur Umsetzung der Fallstudie aufgrund der Rahmenbedingungen die Entscheidung auf die Entwicklung einer Tool-Chain aus verschiedenen Komponenten zur Softwaremodellierung und Code-Generierung. Diese reicht vom Entwurf der Benutzungsoberfläche über die Generierung des ST-Codes bis hin zur Ansteuerung der Remote-I/O-Module.

Insbesondere die hardwarenahen Komponenten der Tool-Chain sind dabei durch die Anforderungen vorgegeben: Für die Verteilung der Software auf die SPS soll weiterhin CODESYS eingesetzt werden, da dies ein weit verbreitetes Werkzeug im Bereich IEC-61131-Entwicklung ist und innerhalb der Firma fundiertes Wissen im Umgang mit diesem Werkzeug existiert. Zudem sollen die Hardware-Komponenten, d. h. die SPS, die Remote-I/O-Module sowie der Feldbus-Koppler entsprechend dem vorherigen Prozess beibehalten werden. Die I/O-Komponenten und der Feldbuskoppler können in verschiedensten Kombinationen auftreten und sind somit Gegenstand der Modellierung. Der Aufbau der Tool-Chain ist in Abb. 8.3 in Form eines UML-Komponentendiagramms dargestellt.

Im Bereich Softwaremodellierung und Code-Generierung dagegen können die verwendeten Komponenten weitestgehend frei ausgewählt werden. Um eine möglichst hohe Wartbarkeit und Wiederverwendbarkeit zu gewährleisten, wurde das quelloffene Eclipse Modelling Framework (EMF) als Basis ausgewählt. EMF hat sich im Bereich der Modell-getriebenen Softwareentwicklung als Standard-Rahmenwerk etabliert, somit kann viel Funktionalität zur graphischen Modellierung und Code-Generierung wiederverwendet werden. Eine mögliche Alternative wäre auch der Einsatz des ebenfalls quelloffenen verfügbaren Entwicklungswerkzeugs JetBrains MPS[2], welches jedoch insgesamt einen geringeren Funktionsumfang als Eclipse aufweist.

---

[1] https://nodered.org/

[2] https://www.jetbrains.com/mps/

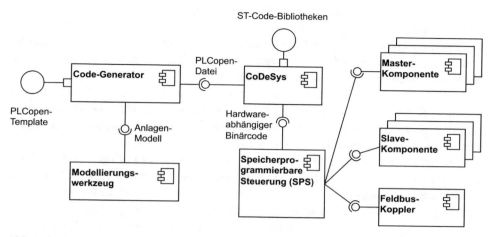

Abb. 8.3 Einbindung von Modellierungswerkzeug und Code-Generator in die Systemlandschaft

EMF bietet zur Softwaremodellierung eine Reihe von Plug-Ins an. Aufgrund seiner einfachen Handhabbarkeit, den weitreichenden Konfigurationsmöglichkeiten und der Unterstützung des Ecore-Dateiformats wurde Sirius[3] für die Modellierung der Anwendungsdomäne ausgewählt. Mit Graphiti[4] und EMF Forms[5] wurden zwei weitere Alternativen betrachtet, wobei Graphiti im Vergleich zu Sirius eine eher eingeschränkte Funktionalität aufweist und die Stärken des Plug-Ins eher in der Prozess- als in der Strukturmodellierung liegen. EMF Forms ist wiederum eher für den Entwurf von Benutzeroberflächen als für die Erstellung graphischer Modelle geeignet. Auch die reine Verwendung des EMF-Editors wurde aufgrund seiner fehlenden Unterstützung für graphische Modelle schnell verworfen, welche für unerfahrene Nutzer in der Regel sehr zugänglich und leicht zu überblicken sind.

Im Bereich Code-Generierung wurden die Template-Sprachen Xtend, Mustache, welche bereits in Kap. 2 kurz vorgestellt wurden, sowie das Eclipse-Plug-In Acceleo[6] betrachtet. Aus den Alternativen wurde Acceleo ausgewählt, weil es sich grundsätzlich zur Code-Generierung für jede textuelle Programmiersprache eignet. Durch die Unterstützung von OCL-ähnlichen Constraints[7] wird eine hohe Ausdrucksmächtigkeit erreicht, welche für die Umsetzung der Fallstudie nur teilweise genutzt wurde, aber Potenzial für zukünftige Erweiterungen bietet.

---

[3] https://www.eclipse.org/sirius/

[4] https://www.eclipse.org/graphiti/

[5] https://www.eclipse.org/ecp/emfforms/

[6] https://www.eclipse.org/acceleo/

[7] https://www.eclipse.org/acceleo/documentation/

Xtend wird genau wie Acceleo als Teil eines Plug-ins bereitgestellt, eignet sich aber nicht für die Generierung von ST-Code, da Xtend-Code nach Java übersetzt wird und nur innerhalb einer Java Virtual Machine lauffähig ist. Mustache ist weitgehend sprachunabhängig, hier müssen jedoch selbst einfache Kontrollstrukturen wie Bedingungen und Schleifen außerhalb der Sprache implementiert werden.

Im Hinblick auf das Dateiformat, welches vom Code-Generator an CODESYS übertragen wird, bestehen ebenfalls zwei Alternativen. Einerseits könnte der ST-Code direkt generiert werden, andererseits kann auch das Software-Modell zunächst in das PLCopen[8]-Format – ein Standardformat zur Beschreibung von SPS-Projekten – umgewandelt werden. Die zweite Variante bringt einige Vorteile mit sich: In PLCopen sind die Daten in einer Baumstruktur angeordnet und ähnelt damit dem von Sirius verwendeten Ecore-Format sehr. Außerdem können neben dem Code für Funktionsblöcke und deren Inputs und Outputs auch Konfigurationsparameter, wie z. B. I/O-Mappings, dargestellt werden. Diese müssen nur einmal innerhalb der Datei angegeben werden, sodass Konsistenz in dieser Hinsicht automatisch sichergestellt ist. Zudem wird der PLCopen-Standard nicht nur von CODESYS, sondern auch von anderen Entwicklungsumgebungen für SPSen unterstützt, was die Generalisierbarkeit des Ansatzes verbessert.

Die übrigen Teile der Tool-Chain bleiben im Vergleich zum bisherigen Entwicklungsprozess unverändert. Vor der Verteilung des Programms auf die SPS wird der ST-Code in maschinenabhängigen Binärcode umgewandelt, was vollständig von CODESYS unterstützt und daher bei der Code-Generierung nicht berücksichtigt werden muss. Die SPS steuert wiederum die Remote-I/O-Module in ihren Rollen als Master- oder Slave-Komponenten sowie den Feldbus-Koppler über ein entsprechendes Protokoll an.

8.4   Metamodellierung

Eine Grundvoraussetzung für die Praktikabilität des vorgestellten Ansatzes ist, dass Domänenwissen bei der Softwaremodellierung und Code-Generierung genutzt wird, um den Anlagenaufbau auf einer geeigneten Abstraktionsebene darstellen zu können. In der Modellgetriebenen Softwareentwicklung wird diese Abstraktion u. a. über die Erstellung eines Metamodells erreicht, welches die Konzepte der Anwendungsdomäne beschreibt. Modelle werden wiederum auch als Instanzen eines Metamodells gesehen, d. h. ein Metamodell beschreibt den Aufbau eines gültigen Modells für die jeweilige Anwendungsdomäne. In einem iterativen Vorgehen wurde ein Metamodell für die beschriebene Fallstudie erstellt, welches die einzelnen Hardware-Komponenten sowie deren Eingangs- und Ausgangsschnittstellen beschreibt. Eine vereinfachte Version des Metamodells ist in Abb. 8.4 in Form eines UML-Klassendiagramms dargestellt.

Das Wurzelelement des Metamodells ist das Projekt, welches den Aufbau einer Anlage im Ganzen beschreibt. Neben seinem Namen wird auch der Betriebsmodus angegeben,

---

[8] https://www.plcopen.org/

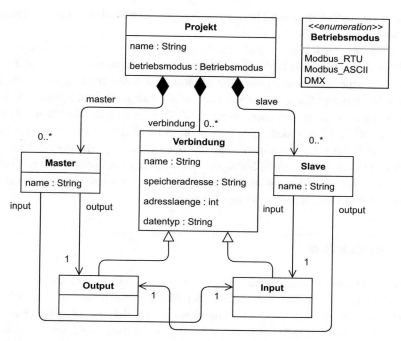

Abb. 8.4 Metamodell für den generativen Softwareentwicklungsansatz

welcher das Protokoll für die Kommunikation zwischen SPS und den verschiedenen Hardware-Komponenten festlegt. Zurzeit werden die Modi Modbus[9] (in den Varianten RTU und ASCII) und DMX[10] unterstützt (s. Abschn. 8.2). Modbus ist ein Kommunikationsprotokoll für Client–Server-Systeme. In der Variante RTU werden dabei die Daten in binärer Form übertragen (was den Durchsatz erhöht), bei ASCII in Form von ASCII-Zeichen (was für Menschen leichter lesbar ist). DMX[11] ist ein digitales Steuerprotokoll, dessen Hauptanwendungsgebiet in der Lichttechnik liegt.

Ein Projekt besteht aus beliebig vielen Master- und Slave-Komponenten sowie aus Verbindungen zwischen diesen Komponenten. Dabei wird für jede Komponente jeweils genau eine Input- und eine Output-Verbindung angegeben. Auch Verbindungen haben verschiedene Eigenschaften, welche im Metamodell berücksichtigt werden. Neben ihrem Namen sind dies insbesondere Hardware-Adressen sowie deren Länge. Derzeit werden diese Informationen direkt vom Benutzer angegeben, bei einer Weiterentwicklung des Ansatzes könnten diese auch automatisiert im Hintergrund ermittelt werden. Außerdem

---

[9] https://www.modbus.org/docs/Modbus_over_serial_line_V1_02.pdf

[10] https://wiki.openlighting.org/index.php/Open_Lighting_Project

[11] https://www.modbus.org/docs/Modbus_over_serial_line_V1_02.pdf

wird für jede Verbindung ein Datentyp angegeben, der festlegt, wie die übertragenen Daten codiert sind.

Wie eingangs beschrieben, wurde das Metamodell aus Gründen der Übersichtlichkeit vereinfacht dargestellt. Das tatsächlich implementierte Metamodell enthält weitere Informationen über die konkreten Remote-I/O-Module, von deren Typ beispielsweise abhängt, wie viele Master- und Slave-Komponenten in einer Anlage verbaut werden können.

Durch die Erzeugung von Instanzen des Metamodells, d. h. Modellen, die konform zum dargestellten Metamodell sind, werden korrekte Anlagenkonfigurationen beschrieben, auf Basis derer im Anschluss eine PLCopen-Datei erzeugt werden kann, welche mithilfe von CODESYS in ein SPS-Programm übersetzt wird. Die spezifischen Hardware-Komponenten können dabei als Modellknoten eingesetzt und ausgetauscht sowie über die jeweiligen Eigenschaften parametrisiert werden.

8.5   Evaluation

Um die praktische Einsetzbarkeit des vorgestellten Ansatzes zu evaluieren, wurden Experteninterviews mit drei Mitarbeitern der Firma Weidmüller aus unterschiedlichen Fachbereichen durchgeführt. Für die Interviews haben sich ein Mitarbeiter im Bereich Hardware-Test und Qualitätssicherung, ein Full-Stack-Software-Entwickler sowie ein Applikationsingenieur im Bereich IoT zur Verfügung gestellt. Die Interviewpartner waren nicht in den Entwicklungsprozess involviert, um eine möglichst unvoreingenommene Wahrnehmung im Rahmen des Interviews zu erreichen.

Die Interviews hatten jeweils einen zeitlichen Umfang von etwa 45 min und gliederten sich in zwei Teile: In den ersten 15 min wurden in einer kurzen Präsentation die Ist-Situation, die Problemstellung und die daraus abgeleiteten Anforderungen sowie die entwickelte Lösung anhand eines einfachen Anlagenaufbaus mit je einer Master- und Slave-Komponente sowie einem Feldbuskoppler skizziert. Außerdem wurde die Tool-Chain kurz vorgestellt, wobei die einzelnen Komponenten (Sirius, Acceleo, CODESYS) in der Reihenfolge ihrer Verwendung im Prozess gezeigt wurden.

Anschließend wurden die Teilnehmer um erste Einschätzungen hinsichtlich Praxistauglichkeit, Einsatzgebiet und Nutzen sowie dem Weiterentwicklungspotenzial des Ansatzes gebeten. Zudem wurden die Teilnehmer kurz zu ihren derzeitigen Aufgaben im Unternehmen sowie ihren Vorerfahrungen in den Bereichen SPS-Programmierung und Low-Code befragt, um ihre Einschätzungen in einen größeren Kontext einordnen zu können. Die Interviews wurden nach Möglichkeit wie ein offenes Gespräch gestaltet, indem die vorbereiteten Fragen situativ und nicht in einer festen Reihenfolge gestellt wurden. Die Teilnehmer wurden zudem ermutigt, jederzeit Zwischenfragen zu stellen. Im Folgenden werden die wichtigsten Eindrücke der Interviewpartner kurz zusammengefasst.

Als Stärke des Ansatzes wurde genannt, dass der Einsatz von Werkzeugen zur Modellierung und Code-Generierung zu einer erheblichen Arbeitserleichterung führen kann.

Dazu tragen insbesondere die Wiederverwendbarkeit von Komponenten sowie die Kapselung von wiederverwendbarer Funktionalität bei. Im Vergleich zu IoT-Plattformen wie Node-RED besteht zudem der Vorteil, dass Echtzeiteigenschaften garantiert werden können, da weiterhin Code für echtzeitfähige Hardware generiert wird. Nach Ansicht der Teilnehmer könnte für den zu entwickelnden ST-Code das Pareto-Prinzip gelten, sodass ein Großteil des Codes generiert, und ein kleinerer Teil händisch programmiert werden muss.

Weiterhin kann die Nutzung von branchenspezifischem Know-how insbesondere beim Bau kleiner Anlagen und Serienmaschinen von Vorteil sein: Hier ähneln sich die Anlagen und Maschinen stark, gleichzeitig ist der Bedarf an SPS-Programmierern in diesem Bereich größer als das Angebot. Auch für größere Anlagen kann der Ansatz Vorteile bringen, da diese ohnehin modular entwickelt werden: Hier wäre eine Modellierung auch auf noch höherer Ebene denkbar, sodass nicht einzelne I/O-Module, sondern Teilanlagen als graphische Komponenten dargestellt werden.

Andererseits wurden auch Hürden und Herausforderungen für die praktische Anwendbarkeit identifiziert. Die Validierung, Pflege und Wartung des Codes sowie die Inbetriebnahme der Anlage sind nach wie vor kritische und aufwendige Prozessschritte, die nicht vollständig automatisiert werden können. Hinsichtlich Qualitätssicherung wurde angemerkt, dass automatisierte Tests für einzelne Komponenten leicht realisierbar, Integrationstests dagegen mit einem höheren Aufwand verbunden sind. Diese stellen insbesondere aufgrund der vielfältigen Kombinationsmöglichkeiten von I/O-Modulen und Feldbuskopplern eine Herausforderung dar.

Zudem würde die flächendeckende Einführung des Ansatzes auch eine Neudefinition der Aufgabenprofile der involvierten Mitarbeiter erfordern. Dabei sollte kritisch hinterfragt werden, inwieweit Anlagenbauer ohne Kenntnisse im Bereich ST-Programmierung in der Lage sind, die Tool-Chain eigenständig zu benutzen, da zur Modellierung nach Einschätzung der Teilnehmer grundlegendes Wissen über Speicherprogrammierbare Steuerungen notwendig ist. Auch muss die Rolle des SPS-Programmierers klar beschrieben werden, sodass er sich auf die Entwicklung von Bibliotheken sowie notwendige Anpassungen am Code konzentrieren kann.

Eine weitere Herausforderung kann die Akzeptanz des Ansatzes im Unternehmen darstellen. Diese kann nach Einschätzung der Teilnehmer durch eine einfache Handhabung und gute Usability gewonnen werden, welche ein wesentliches Unterscheidungsmerkmal zur bisherigen Werkzeugunterstützung darstellen würde. Zudem ist es essenziell, die späteren Nutzer von Anfang an mit einzubinden, um den Mehrwert im Vergleich zu konventionellen Entwicklungswerkzeugen klar herauszustellen.

Neben den Chancen und Herausforderungen des Ansatzes wurden im Rahmen der Interviews auch weiterführende Überlegungen zu dessen praktischem Einsatz angestellt. Die Erzeugung von Geschäftslogik wurde bisher noch nicht betrachtet, stellt aber eine sinnvolle und mögliche Erweiterung des Ansatzes dar. Neben der Softwareapplikation können die erstellten Modelle auch zur Gewinnung von Informationsmodellen bzw. zur

Generierung von digitalen Zwillingen eingesetzt werden, indem die Messdaten von der Anlage z. B. über eine OPC UA Schnittstelle an einen zentralen Server übertragen werden.

Eine zusätzliche Erweiterungsmöglichkeit stellt die Anreicherung der Modelle um hardwarespezifische Informationen (Registerinformationen, Zustandscodes, …) dar, sodass diese nicht mehr durch die Templates vorgegeben werden müssen. Dies impliziert, dass die im Vorherigen beschriebenen Maßnahmen zur Wartung und Qualitätssicherung dahingehend erweitert werden müssen. Zudem sprach ein Teilnehmer an, dass eine Synchronisation von Modell und Code eine hohe praktische Relevanz besitzt, da häufig mehrere Personen unabhängig voneinander an einem Projekt arbeiten. Wenn Änderungen am Code nicht in die abhängigen Systeme zurückgespiegelt werden, führt dies auch im derzeitigen Prozess schon zu Problemen, sobald verschiedene Werkzeuge für die Softwareentwicklung eingesetzt werden.

Zusammenfassend lässt sich feststellen, dass durch die Experteninterviews sowohl bestehende Stärken des Ansatzes als auch zukünftige Herausforderungen und Möglichkeiten für anschließende Arbeiten herausgearbeitet wurden. Dabei zeigten sich diejenigen Interviewpartner, welche in IT-nahen Bereichen arbeiten, gegenüber dem Ansatz tendenziell aufgeschlossener als die übrigen Teilnehmer. Ihre Einschätzungen stimmten jedoch darin überein, dass die praktische Einsetzbarkeit letztendlich anhand kleinerer Pilotprojekte erprobt werden sollte.

Aus verschiedenen Gründen unterliegt dabei die Generalisierbarkeit der gewonnenen Erkenntnisse einigen Einschränkungen. Zum einen wurden nur drei Personen befragt, welche zudem im selben Unternehmen arbeiten. Zum anderen sind zwei der drei Mitarbeiter in der Softwareentwicklung tätig, was nicht deckungsgleich mit der beabsichtigten Nutzergruppe des Ansatzes ist. Abschließend sei angemerkt, dass die Einschätzungen lediglich auf einer 15-minütigen Präsentation basieren, und somit von den Erkenntnissen abweichen können, welche nach einer intensiveren Auseinandersetzung mit der Tool-Chain hätten gewonnen werden können.

8.6   Fazit und Ausblick

Die in diesem Kapitel vorgestellte Fallstudie, welche den Prozess zur Programmierung von SPSen im Anlagenbau optimiert, wurde in Kooperation mit der Firma Weidmüller umgesetzt. Da aufgrund der Rahmenbedingungen keine Low-Code-Plattform genutzt werden konnte, wurde eine Tool-Chain implementiert, die zwar auf die Domäne des Anlagen- und Serienmaschinenbaus zugeschnitten, jedoch nicht auf die Verwendung bestimmter Hardware-Komponenten beschränkt ist. Die Anlage wird dabei zunächst mit den EMF-Plugins Sirius und Acceleo modelliert und in eine PLCopen-Datei überführt, bevor diese Datei mithilfe der Entwicklungsumgebung CODESYS in hardwarespezifischen Maschinencode übersetzt und auf die SPS verteilt wird. In Interviews mit drei Mitarbeitern der Firma Weidmüller wurden verschiedene Stärken und Herausforderungen des Ansatzes sowie Weiterentwicklungspotenziale identifiziert.

Als weiterführende Aufgabe wurde in den Interviews die Modellierung der Geschäftslogik genannt, welche im Rahmen der Fallstudie noch nicht umgesetzt wurde. Hierdurch könnte die Ausdrucksmächtigkeit der Modellierungssprache erhöht und somit der Anteil des händisch zu schreibenden Codes weiter gesenkt werden. Außerdem ist es aufgrund des modularen Aufbaus der Tool-Chain möglich, einzelne Komponenten auszutauschen. Durch den Einsatz von Sirius Web[12] für die Softwaremodellierung besteht die Möglichkeit, im Sinne des Low-Code-Ansatzes Teile des Entwicklungsprozesses in die Cloud zu verlagern (s. Kap. 2). Dies würde es den Fachexperten ermöglichen, ohne eine lokale Eclipse-Installation am Softwareentwicklungsprozess teilzunehmen. Eine weitere wichtige Anschlussarbeit ist eine detaillierte Auseinandersetzung mit dem CODESYS Application Composer[13], mit welchem ein sehr ähnliches Ziel verfolgt wird. Das Werkzeug ist im Gegensatz zu der vorgestellten Tool-Chain auf die gemeinsame Verwendung mit der CODESYS-Hauptkomponente beschränkt, jedoch lassen sich ggf. Konzepte und Prinzipien ableiten, welche für die Weiterentwicklung der Tool-Chain von Vorteil sind.

Das gewählte Vorgehen ist nicht auf die Automatisierungsbranche zugeschnitten, sondern lässt sich auch auf andere Bereiche übertragen, sofern die Anforderungen an eine Softwarelösung den Einsatz einer selbst entwickelten Tool-Chain anstatt einer Low-Code-Plattform erforderlich machen. Einem hohen Maß an Gestaltungsspielraum steht hierbei allerdings in der Regel ein erhöhter Aufwand für die initiale Implementierung der Tool-Chain, dem Betrieb und der Wartung der Anwendungen sowie der Tool-Chain selbst gegenüber.

Literatur

Bock AC, Frank U (2021) In Search of the Essence of Low-Code: An Exploratory Study of Seven Development Platforms. In: MODELS-C 2021, S 57–66. https://doi.org/10.1109/MODELS-C53 483.2021.00016

Jamro M. (2014). SysML modeling of POU-oriented unit tests for IEC 61131-3 control software. In: MMAR 2014, S 82–87. https://doi.org/10.1109/MMAR.2014.6957329

Thramboulidis K, Frey, G (2011) Towards a Model-Driven IEC 61131-Based Development Process in Industrial Automation. J. Softw. Eng. Appl. 4(4):217–226. https://doi.org/10.4236/jsea.2011. 44024

Vogel-Heuser B, Witsch D, Katzke U (2005) Automatic code generation from a UML model to IEC 61131-3 and system configuration tools. In: ICCA 2005, S 1034–1039. https://doi.org/10.1109/ ICCA.2005.1528274

Wenger M, Zoitl A (2012) IEC 61131-3 model for model-driven development. In: IECON 2012, S 3744–3749. https://doi.org/10.1109/IECON.2012.6389295

---

[12] https://www.eclipse.org/sirius/sirius-web.html

[13] https://de.CODESYS.com/produkte/CODESYS-engineering/application-composer.html